Python 常用算法手册

（第2版）

徐庆丰　编著

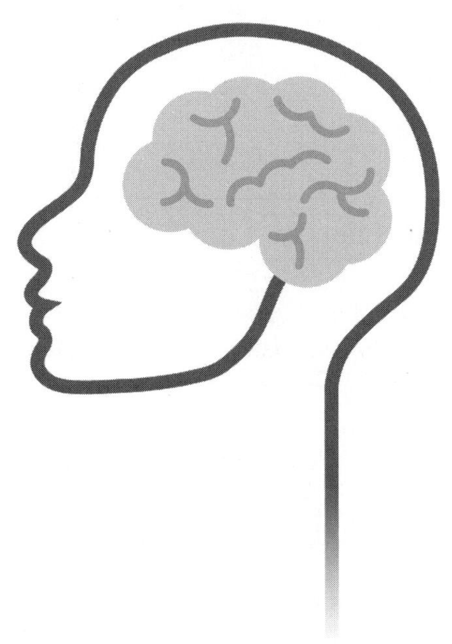

中国铁道出版社有限公司
CHINA RAILWAY PUBLISHING HOUSE CO., LTD.
北　京

图书在版编目(CIP)数据

Python常用算法手册/徐庆丰编著. —2版. —北京:中国铁道出版社有限公司,2024.6
ISBN 978-7-113-31077-6

Ⅰ.①P… Ⅱ.①徐… Ⅲ.①软件工具-程序设计-手册
Ⅳ.①TP311.561-62

中国国家版本馆CIP数据核字(2024)第052102号

书 名:Python常用算法手册
Python CHANGYONG SUANFA SHOUCE
作 者:徐庆丰

责任编辑:荆 波 **编辑部电话:**(010)51873026 **电子邮箱:**the-tradeoff@qq.com
封面设计:郭瑾萱
责任校对:安海燕
责任印制:赵星辰

出版发行:中国铁道出版社有限公司(100054,北京市西城区右安门西街8号)
印 刷:天津嘉恒印务有限公司
版 次:2020年8月第1版 2024年6月第2版 2024年6月第1次印刷
开 本:787 mm×1 092 mm 1/16 **印张:**15.25 **字数:**371千
书 号:ISBN 978-7-113-31077-6
定 价:59.80元

前　言

随着信息技术的发展和应用领域的不断拓展，计算机科学和编程技能逐渐成为各行各业中的重要技术辅助手段。在这一趋势下，对于学习和掌握编程算法的需求也愈发迫切。然而，由于算法学科的复杂性和抽象性，很多初学者在学习过程中感到困扰。因此，一本基于主流编程语言 Python，结合实际问题演练算法思想的书籍变得尤为重要。本书为广大读者提供了一条系统、深入、易懂的常用算法学习路径，帮助他们更好地理解和运用算法思想。

算法的重要性

算法在计算机科学和编程领域中的重要性，具体体现在以下几个方面：

(1)算法是解决实际问题的关键

无论是简单的排序还是复杂的图，都需要有效的算法来解决。本书通过丰富的案例展示了算法是如何成为问题解决的关键步骤。

(2)性能优化

算法的选择直接影响程序的性能。通过深入学习不同的排序算法、搜索算法和动态规划等内容，读者能够更好地理解如何选择和优化算法，提高程序的执行效率和性能。

(3)编程思维培养

学习算法有助于培养良好的编程思维，包括分析问题、设计解决方案、优化代码等方面。这种思维方式不仅在解决算法问题时有用，也对整体的编程和软件开发过程具有促进作用。

(4)面试和竞赛

算法理解和应用常常是技术面试和编程竞赛的核心内容。通过学习本书中的算法，读者能够更好地应对技术面试，展示出在解决实际问题时的深度思考和高效实现能力。

(5)理论与实践结合

本书以 Python 为编程语言，通过实际代码示例将算法理论与实际应用相结合。这种理论与实践的结合有助于读者更好地理解算法概念，并在实际项目中应用所学知识。

总体而言，算法在计算机科学领域的重要性不可忽视。学习并掌握算法不仅是提升编程技能的有效途径，更是培养解决问题和创新思维的关键一步。

本书的内容

本书涵盖了广泛而深入的算法主题，以 Python 为主要编程语言，辅以代码示例和实际案例,为读者提供了全面而深刻的算法学习体验。

(1) 算法基础

本书从基础开始,介绍了算法的基本概念,包括时间复杂度、空间复杂度等。读者通过这些基础概念建立对算法分析和设计的基本理解。

(2) 排序和搜索算法

本部分详细讲解了各种排序算法(如冒泡排序、快速排序)和搜索算法(如二分搜索),并通过 Python 代码示例展示了它们的实现过程和效果。

(3) 图算法

本部分引入了图的基本概念,涵盖了图的表示方法以及深度优先搜索(DFS)、广度优先搜索(BFS)等图算法。这一部分通过实际案例,让读者了解如何在 Python 中处理图结构。

(4) 高级算法

本部分讨论了贪心算法、分治算法和人工智能算法等高级算法。读者可以在这一部分的学习中深入理解更为复杂的算法思想。

总体而言,这本书通过理论概念、实际案例、Python 代码三者的有机结合,为读者提供了一本较为全面而深入的 Python 常用算法学习指南。无论是初学者还是有一定经验的读者,都可以从中获得对算法设计和实现的深刻理解。

本书的读者对象

本书以学习笔记的形式系统讲解了 Python 语言实践中的算法思想,旨在帮助有一定经验的初级程序员夯实算法基础,并通过大量经典演练案例迅速积累经验,提升编程能力。

整体下载包

为了方便不同网络环境的读者学习,也为了提升图书的附加价值,笔者将书中示例的演示视频和源代码整理成整体下载包,读者可以通过下载链接获取学习。

整体下载包下载下址为:

http://www. m. crphdm/2024/0513/14724. shtml

徐庆丰

2024 年 3 月

目　录

第 1 章　初步认识算法思想

软件开发工作不是按部就班的,其关键就是选择一种最合理的算法去实现项目功能。算法能够引导开发者在面对一个项目功能时用什么思路去实现,有了这个思路后,程序员只需遵循这个思路编写代码即可。在本章将详细讲解算法的基础知识,为读者步入后面的学习打下基础。

1.1　什么是算法

在学习算法之前,需要先理解“算法”这个概念的含义。20 世纪 50 年代,Algorithm(算法)一词经常同欧几里得算法联系在一起。这个算法就是在欧几里得的《几何原本》中所阐述的求两个数的最大公约数的过程,即辗转相除法。从此以后,Algorithm 这一叫法一直沿用至今。

1.1.1　由一道趣味题引出算法的定义

为了理解什么是算法,先看一道有趣的智力题。假设“烧水泡茶”必须有如下五道工序:①烧开水、②洗茶壶、③洗茶杯、④拿茶叶、⑤泡茶。

在上述五个步骤中,其中①烧开水、②洗茶壶、③洗茶杯、④拿茶叶是泡茶的前提。假设①烧开水需要 15 分钟,②洗茶壶需要 2 分钟,③洗茶杯需要 1 分钟,④拿茶叶需要 1 分钟,⑤泡茶需要 1 分钟。

不同的人进行泡茶的步骤会有差别,例如下面是两个人不同的“烧水泡茶”的步骤。

1. 第一个人“烧水泡茶”的步骤

第一步:烧水;

第二步:水烧开后,洗刷茶具,拿茶叶;

第三步:泡茶。

2. 第二个人“烧水泡茶”的步骤

第一步:烧水;

第二步:烧水过程中,洗刷茶具,拿茶叶;

第三步:水烧开后泡茶。

了解了上面的趣味题,我们再来总结一下算法的定义。算法是指解题方案的准确而完整的描述,是一系列解决问题的清晰指令,算法代表着用系统的方法描述解决问题的策略机制。一个算法的优劣可以用空间复杂度与时间复杂度来衡量,例如在前面的泡茶例子中,第二个人的操作步骤的效率更高一点。

1.1.2　总结算法的特征

随着对代码效率的追求,算法得到了长足的发展,算法应该具有如下五个重要的特征。

(1)有穷性:保证执行有限步骤之后结束。

(2)确切性:每一步骤都有确切的定义。

(3)输入:每个算法有零个或多个输入,以刻画运算对象的初始情况,所谓零个输入是指算法本身舍弃了初始条件。

(4)输出:每个算法有一个或多个输出,显示对输入数据加工后的结果,没有输出的算法是毫无意义的。

(5)可行性:原则上算法要能够精确运行,进行有限次运算后即可完成一种运算。

1.2 算法是程序的灵魂

算法在计算机编程中的作用举足轻重,在程序开发中,对算法的理解和应用已经成为衡量一名程序员水平高低的重要标准。水平高的程序员都会看重数据结构和算法的作用,这样才能开发出高效的程序代码。开发者的水平越高,就越能理解算法的重要性。算法不仅仅是运算工具,它更是程序的灵魂。在现实项目开发过程中,很多实际问题需要精心设计的算法才能有效解决。

算法是计算机处理信息的基础,因为计算机程序本质上是一个算法,告诉计算机确切的步骤来执行一个指定的任务,如计算职工的薪水或打印学生的成绩单。通常,当算法在处理信息时,数据会从输入设备读取,写入输出设备,也可能保存起来供以后使用。

著名计算机科学家沃思提出了下面的公式。

```
数据结构+算法=程序
```

实际上,一个程序应当采用结构化程序设计方法进行程序设计,并且用某一种计算机语言来表示。因此,可以用下面的公式表示。

```
程序=算法+数据结构+程序设计方法+语言和环境
```

上述公式中的四个方面是一种程序设计语言所应具备的知识。在这四个方面中,算法是灵魂,数据结构是加工对象,语言是工具,编程需要采用合适的方法。其中,算法是用来解决“做什么”和“怎么做”的问题。实际上程序中的操作语句就是算法的体现,所以说,不了解算法就谈不上程序设计。

1.3 算法的表示方法

除了用语言描述之外,还可以通过其他方法来描述算法。在接下来的内容中,将简单介绍几种表示算法的方法。

1.3.1 用流程图表示算法

流程图的描述格式如图 1-1 所示,我们来看一个具体的问题。假设有 80 个学生,要求打印输出成绩在 60 分以上的学生学号。针对该问题,可以使用图 1-2 所示的算法流程图来表示,其中 n 表示学生学号,n_i 表示第 i 个学生的学号,$cheng$ 表示学生成绩,$cheng_i$ 表示第 i 个学生的成绩。

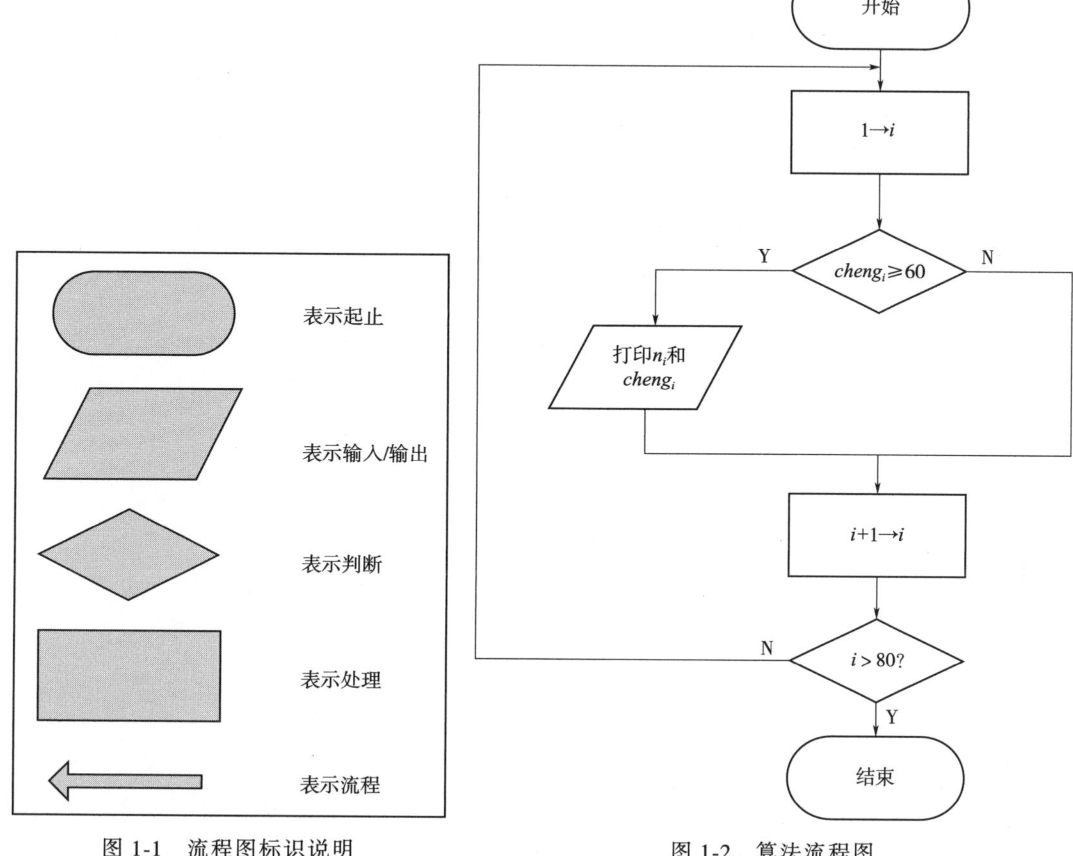

图 1-1　流程图标识说明

图 1-2　算法流程图

在日常流程设计应用中，通常使用如下三种流程图结构。

(1)顺序结构。

顺序结构是一种基本结构，如图 1-3 所示，其中 A 和 B 是顺序执行的。

(2)选择结构。

选择结构也称为分支结构，如图 1-4 所示。此结构中必含一个判断框，根据给定的条件是否成立来选择是执行 A 还是 B。无论条件是否成立，只能执行 A 或 B，也就是说 A、B 只有一个，也必须有一个被执行。若 A、B 中有一个为空，程序仍然按两个分支的方向运行。

(3)循环结构。

循环结构分为两种，一种是当型循环，一种是直到型循环。当型循环是先判断条件 P 是否成立，成立才执行 A，如图 1-5(a)所示。而直到型循环是先执行 A 再判断条件 P 是否成立，不成立再执行 A，如图 1-5(b)所示。

上述三种基本结构有如下三个特点，这四个特点对于理解算法很有帮助。

(1)只有一个入口和一个出口。

(2)结构内的每一部分都有机会被执行到。

(3)结构内不存在“死循环”。

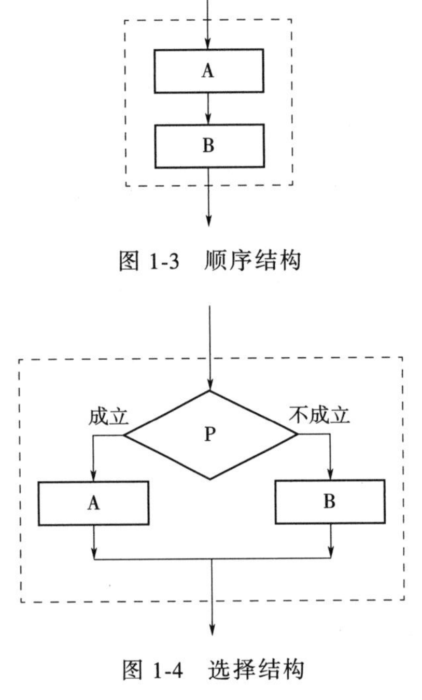

图 1-3 顺序结构

图 1-4 选择结构

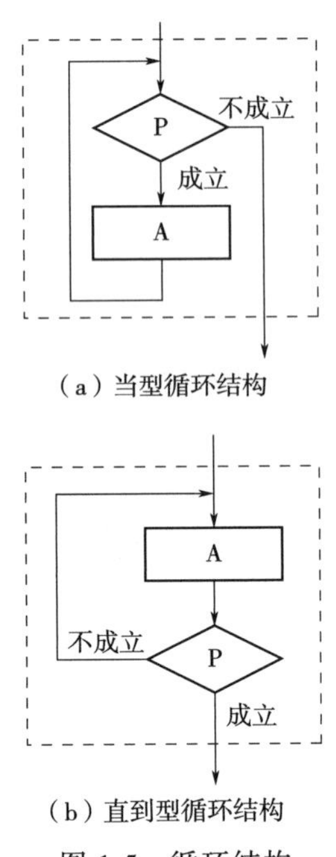

(a) 当型循环结构

(b) 直到型循环结构

图 1-5 循环结构

1.3.2 用 N-S 流程图表示算法

N-S 流程图由特定意义的图形、流程线及简要的文字说明构成,能够比较清晰明确地表示程序的运行过程。人们在使用传统流程图的过程中,发现流程线不一定是必需的,所以设计了一种新的流程图,这种新的方式可以把整个程序写在一个大框图内,这个大框图由若干个小的基本框图构成,这种新的流程图简称 N-S 图。

我们来看一下用 N-S 流程图表示的顺序结构、选择结构和循环结构(当型循环结构和直到型循环结构),如图 1-6、图 1-7、图 1-8 所示。

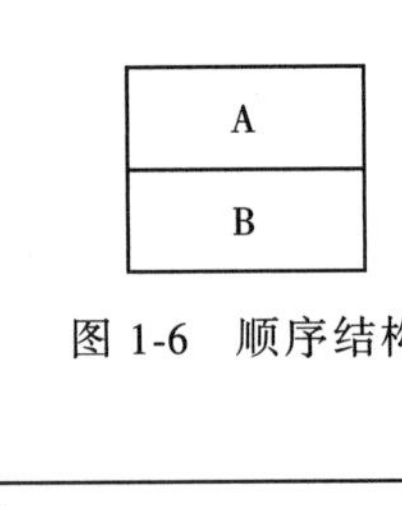

图 1-6 顺序结构

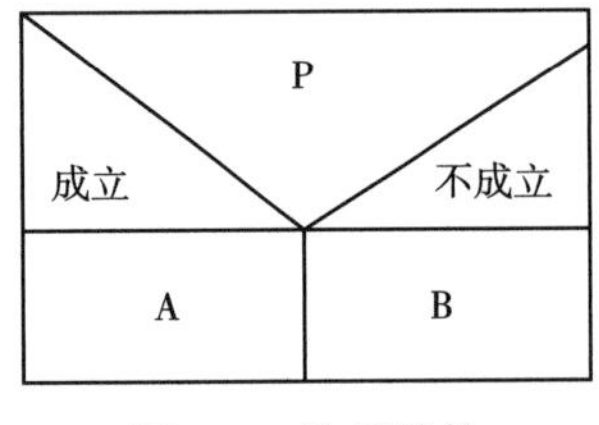

图 1-7 选择结构

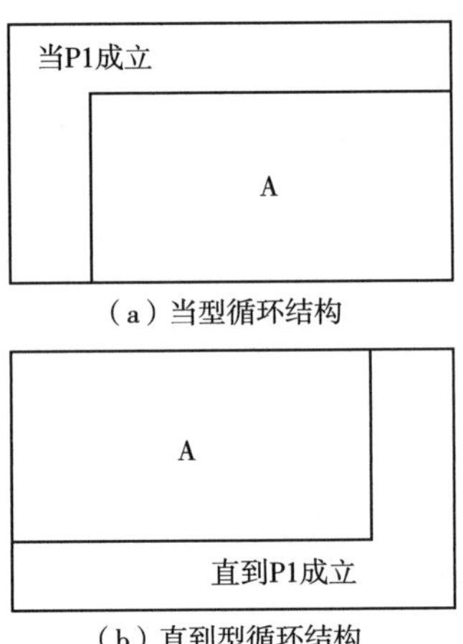

(a) 当型循环结构

(b) 直到型循环结构

图 1-8 循环结构

1.4　Python 算法思想

在现实应用中有多种常用的算法思想,在本节的内容中,将简要介绍在 Python 中常用的算法思想。至于这些算法思想的具体用法,将在本书后面的内容中进行详细讲解。

1.4.1　常用的算法思想

在编写 Python 程序的过程中,常用的算法思想如表 1-1 所示。

表 1-1　常用的算法思想

算法思想	特点描述
枚举算法	将问题的所有可能的答案一一列举,然后根据条件判断此答案是否合适,保留合适的,舍弃不合适的
递归算法	递归算法是一种在函数或方法中调用自身的编程技术,递归思想在于把大问题分解为小问题,进一步分解为更小的问题,直到每个小问题可以解决为止
分治算法	分治算法的基本思想是将一个规模为 N 的问题分解为 K 个规模较小的子问题,这些子问题相互独立且与原问题性质相同。求出子问题的解,就可得到原问题的解
贪心算法	贪心算法在对问题求解时,总是做出在当前看来是最好的选择
回溯算法	为了求得问题的解,先选择某一种可能情况进行试探,在试探的过程中,一旦发现原来选择的假设情况是错误的,就退回重新选择,继续向前试探,如此反复进行,直到得到解或证明无解
迭代算法	迭代算法是一种不断用变量的旧值推出新值的过程。它通过让计算机对一组指令(或一定步骤)进行重复执行,在每次执行这组指令(或这些步骤)时,都从变量的原值推出它的新值

1.4.2　算法优劣衡量标准:算法复杂度

算法复杂度是指算法在编写成可执行程序后,运行时所需要的资源,这些资源包括时间资源和内存资源。同一问题可用不同算法解决,而一个算法的质量优劣将影响到算法乃至程序的效率。

(1)时间频度

一个算法执行所耗费的时间,从理论上是必须上机运行测试才能知道。但是我们不可能也没有必要对每个算法都进行上机测试,只需知道哪个算法花费的时间多,哪个算法花费的时间少就可以了。一个算法花费的时间与算法中语句的执行次数成正比,哪个算法中语句执行次数多,它花费时间就越多。一个算法中的语句执行次数称为语句频度或时间频度,记为 $T(n)$。

(2)时间复杂度

在刚才提到的时间频度中,n 称为问题的规模,当 n 不断变化时,时间频度 $T(n)$ 也会不断变化。但有时我们想知道它变化时呈现什么规律。为此,我们引入时间复杂度概念。在一般情况下,算法中基本操作重复执行的次数是问题规模 n 的某个函数,用 $T(n)$ 表示,若有某个辅助函数 $f(n)$,存在一个正常数 c 使得 $fn \times c >= T(n)$ 恒成立。记作 $T(n)=O(f(n))$,称

$O(f(n))$为算法的渐进时间复杂度,简称时间复杂度。

在各种不同算法中,若算法中语句执行次数为一个常数,则时间复杂度为 $O(1)$,另外,在时间频度不相同时,时间复杂度有可能相同,如 $T(n)=n^2+3n+4$ 与 $T(n)=4n^2+2n+1$ 它们的频度不同,但时间复杂度相同,都为 $O(n^2)$。

在现实中常见的时间复杂度如表 1-2 所示。

表 1-2 常见的时间复杂度

复杂度	描　述
$O(1)$	数阶,无论问题规模多大其执行时间不变
$O(n)$	线性阶,随着问题规模的变化其执行时间发生变化,随问题规模增长呈正比例增长
$O(\log_2 n)$	对数阶,随着问题规模的变化其执行时间发生变化,随问题规模增长呈对数增长
$O(n\log_2 n)$	线性对数阶,随着问题规模的变化其执行时间发生变化,随问题规模增长呈线性对数增长

算法的时间复杂度是一个函数,它定量描述了该算法的运行时间,通常用“O”来表示时间复杂度。时间复杂度是渐近的,它考察当输入值大小趋近无穷时的情况。时间复杂度是用来估计算法运行时间的一个式子(单位),一般来说,时间复杂度高的算法比复杂度低的算法慢。

(3)空间复杂度

空间复杂度是对一个算法在运行过程中临时占用存储空间大小的量度,它是评价算法优劣的重要因素,记作 $S(n)=O(f(n))$,反映了算法内存占用随输入规模增大的趋势。

1.4.3　时间复杂度与空间复杂度的取舍问题

通常情况下,建议大家更加注重时间复杂度,而不是空间复杂度。但是,在有些特殊情况下,空间复杂度可能会更加重要。那么,究竟什么时候应该着重考虑时间复杂度,什么时候应该着重考虑空间复杂度呢?假设现在需要开发一个程序:要求输入年份,返回该年份是否是闰年。相信大家一看到这个问题,你的思路可能已经非常清晰了,满百除四百,不满除以 4。

我们来看看还能不能进一步提高性能,降低时间复杂度。也就是用空间复杂度来换取时间复杂度。比如,如果使用我们程序的用户,只会查看当前年份未来几年和过去几年的日历的话,我们完全可以使用一个含有 2100 个元素的数组,每个元素为 0 或 1,分别表示平年和闰年。这样当用户查询时,就不需要再进行复杂的逻辑判断,而只需要取出对应下标位置的元素即可。

反过来,如果我们的用户经常查询跨度巨大的日历信息(万年历),那么,我们肯定不能使用用牺牲空间复杂度来换取时间复杂度的方案解决。因为如此巨大的空间消耗是我们损失不起的。

然而编程的美并不在于一方的退让和妥协,而是在于如何在二者之间取一个平衡点。那么,对于以上的问题应该如何权衡呢?有一种方案是将与当前年份相近的几年存为固定数据,查询时只需要读取即可。而对于那些和当前年份相距较远的年份的数据,在用户请求查询时动态生成。这样,既能在损失可接受空间的情况下大幅度提高性能,又能保证空间的损失不至于太大而无法接受。我想当用户查询距今较远的数据时,有一些时间上的等待,也是可以接受的。

第 2 章　枚举算法思想

枚举算法也叫穷举算法，顾名思义，它会在面对问题时去尝试每一种解决方法。在本章将详细讲解枚举算法思想的基本知识，并通过具体例子详细讲解枚举算法的用法和技巧。

2.1　Python 中的枚举算法

枚举法的本质就是从所有候选答案中去搜索正确的解，在使用该算法需要满足如下两个条件：

(1)可以预先确定候选答案的数量；

(2)候选答案的范围在求解之前必须有一个确定的集合。

在编程语言的各种算法思想中，枚举算法的最大特点是简单实用，能够枚举所有的可能，尽可能地尝试所有的方法。很多初学编程的开发者十分喜欢枚举算法，这是因为枚举算法得到的结果总是正确的，尽管它的速度可能会很慢。

在 Python 语言中，枚举算法一般使用 while 循环或 if 语句实现。使用枚举算法解题的基本思路如下：

①确定枚举对象、枚举范围和判定条件；

②逐一列举可能的解，验证每个解是否是问题的解。

枚举算法一般按照如下三个步骤进行：

①确定解的可能范围，不能遗漏任何一个真正解，也要避免有重复；

②判断是否是真正解的方法；

③使可能解的范围降至最小，以便提高解决问题的效率。

枚举算法的主要流程如图 2-1 所示。

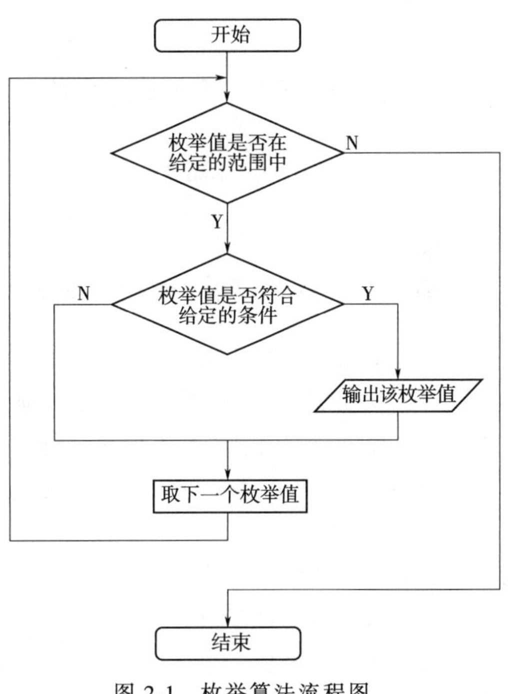

图 2-1　枚举算法流程图

2.2　算法演练：找出符合条件的五位数

请找出一个五位数，要求满足下面的条件：

```
算法描述题×算=题题题题题题
```

2.2.1 算法分析:首位数不能是谁

既然是一个五位数,那么首位数不能是 0,因为计算结果的位数都是“题”,所以这个五位数的首位数也不能是 1 或 2。找出规律,开始使用枚举算法逐一计算,找出最终满足条件的答案。

2.2.2 具体实现

编写文件 meiju. py,具体实现代码如下:

```
for i in range(10000,99999):  #遍历 5 位数
      for j in range(0,10):  #“算”其实不能是“0,1,2”,
            if i* j%111111==0:  #当积可以被 111111 整除时
                  if len(set(str(i)))==5:  #如果是 5 个不同的数字。
                        if str(j)==str(i)[0]:  #如果乘数与结果的个位相同。
                              print("找到了,数字是 {}".format(i))
```

执行后会输出:

```
找到了,数字是 79365
```

2.3 算法演练:24 点游戏

给定四个整数,数字范围 1~13,任意使用“+-*/()”构造出一个表达式,使得最终结果为 24。

2.3.1 算法分析:加括号和去除重复表达式

实现输入四个数字的排列组合,这样等于实现了括号的功能,然后使用“+-*/”进行组合计算。24 点游戏算法难在如何合适地加括号和去除等价的重复表达式上。我们的目标是给定任意 N 个正整数($N>1$),找到能够将这 N 个数通过四则运算计算得出 24 的全部表达式,并且只在必要的时候加上括号以及去除等价的重复表达式。

(1)去除括号

首先我们要明确一个问题:什么是合适的括号呢?就是指在不影响计算结果的前提下,能不加括号尽量不加括号。

其次还需要明白一个问题,什么是等价的重复表达式呢?就是在加法交换率和乘法交换率的作用下,完全等价的表达式。比如下面的三行表达式。

10+12+7-5=24 等价于 10-5+7+12=24

15*8/(1+4)=24 等价于 15/(4+1)*8=24

(3+1)*(2+4)=24 等价于(1+3)*(4+2)=24

(2)求全部解算法

采用降低维度的算法,即把四个数字运算的四维问题降低到二维来解决。比如,给定四个数字[1,2,3,4],这是一个四维问题,首先要将其转换为二维问题。具体的办法是,先将四

个数字其中的两个数字取出,然后将这两个数字转化为所能组成的全部表达式。

取出[1,2],考虑到加法交换率和乘法交换率的前提下,共有六种可能的不等价表达式,即 1+2,1-2,1 * 2,1/2,2-1,2/1,则四维问题就可以转化为多组三维问题,即[1+2,3,4],[1-2,3,4],[1 * 2,3,4],[1/2,3,4],[2-1,3,4],[2/1,3,4]。

然后枚举每一种取出两个数的组合,使用排列组合公式即 C(4,2),所以将四维问题转化为三维问题共有 C(4,2) * 6=36 种组合。

下一步是重复这一过程,将三维问题继续转化为二维问题,同理,每一个三维问题都可转化为等价的二维问题,共有 C(3,2) * 6=18 种组合。

所以,四维问题可转化为 36 * 18=648 种二维问题,每个二维问题又有 6 种组合方式,所以,全部的表达式个数为 648 * 6=3888 个。

(3)加括号算法

每当将二维组合成新表达式的时候,根据原有两个表达式各自的运算符号和两个表达式之间的运算符号的关系来判断是否需要添加括号。举个例子,假设 a、b 两个表达式要组成新的表达式,总共会有如下四种情形:

- 如果是 a+b,则完全不需要加括号;
- 如果是 a * b 或者 a/b,若 a、b 自身的运算符号是加号或减号,则应加括号,如 a=a1+a2,b 为数字,则 a * b=(a1+a2) * b;
- 如果是 a-b,若 b 为加号或减号,则 b 应加括号,如 b=b1-b2,a=a1+b2,则 a-b=a1+a2-(b1-b2),但值得注意的是,a1+a2-(b1-b2)其实等价于 a1+a2-b1+b2,这种情况在其他的组合中其实已经存在。因此,可以无需再考虑括号问题;
- 如果是 a/b,若 b 的运算符号是乘号或除号,原本理应也要加括号,但其实这种情况与上一种情况类似,出于计算简便考虑,可以不再考虑括号问题。

(4)去除等价表达式

对于一个运算表达式来说,a+b-c+d 与如下三种运算表达式的计算结果均是等价的:

a+d+b-c

b+a+d-c

b-c+a+d

可以在任何一个表达式前再加一个加号,然后使用正则表达式对表达式进行切割成如下状态:

```
['+a','+b','-c','+d']
```

然后对其进行排序后再组合成字符串得到:

```
a+b+d-c
```

将这样的表达式称为标准表达式,凡是通过这样的处理方法得到的标准表达式是相同的,均认为是等价表达式,只保留一个标准表达式即可。同样道理,乘法交换率也是同样的转换方法。

2.3.2　具体实现

根据上述算法思想编写文件 qiong02. py,具体实现代码如下:

```
from__future__ import division
fromitertools import combinations
import re


class Solver:

    #需要达成的目标结果值
    target=24

    #四则运算符号定义,其中,a--b=b-a,a//b=b/a
    ops=['+','-','* ','/','--','//']

    #precise_mode 为精准模式,若开启,则减号及除号后开启括号
    def__init__(self,precise_mode=False):
        self.precise_mode=precise_mode

    def solution(self,nums):
        result=[]
        groups=self.dimensionality_reduction(self.format(nums))
        for group in groups:
            for op inself.ops:
                exp=self.assemble(group[0],group[1],op)['exp']
                if self.check(exp,self.target)and exp not in result:
                    result.append(exp)
        return [exp+'='+str(self.target)for exp in result]

    #对需要处理的数字或表达式组合进行降维,降低到二维
    def dimensionality_reduction(self,nums):
        result=[]

        #如果维数大于2,则选出两个表达式组合成一个,从而降低一个维度,通过递归降低到二维
        if len(nums)>2:
            for group inself.group(nums,2):
                for op inself.ops:
                    new_group=[self.assemble(group[0][0],group[0][1],
                    op)]+group[1]
                    result+=self.dimensionality_reduction(new_group)
        else:
            result=[nums]
        return result

    #将两个表达式组合成一个新表达式
    def assemble(self,exp1,exp2,op):

        #如果运算符为'--'或者'//',则交换数字顺序重新计算
        if op=='--'or op=='//':
```

```
            returnself.assemble(exp2,exp1,op[0])

        #如果是乘法,则根据两个表达式的情况加括号
        if op in r'* /':
            exp1=self.add_parenthesis(exp1)
            exp2=self.add_parenthesis(exp2)

        if self.precise_mode:
            if op=='-':
                exp2=self.add_parenthesis(exp2)
            elif op=='/':
                exp2=self.add_parenthesis(exp2,True)

        exp=self.convert(exp1['exp']+op+exp2['exp'],op)
        return {'op':op,'exp':exp}

    #根据需要为表达式添加相应的括号
    @ staticmethod
    def add_parenthesis(exp,is_necessary=False):

        #如果上一计算步骤的运算符号为加号或减号,则需加括号
        if(is_necessary and not exp['exp'].isdigit())or exp['op'] in r'+-':
            result={
                'exp':'('+exp['exp']+')',
                'op':exp['op']
            }
        else:
            result=exp
        return result

    #检查表达式是否与结果相等,考虑到中间步骤的除法,因此不采用相等判断,而是采用计算值和
目标值的绝对值是否符合某个精度
    @ staticmethod
    def check(exp,target,precision=0.0001):
        try:
            return abs(eval(exp)-target)<precision
        except ZeroDivisionError:
            return False

    #将表达式各项重新排序成为等价标准表达式
    @ staticmethod
    def convert(exp,op):
        if op in r'+-':
            pattern=r'([\+\-]((\(.+\)|\d+)[\* \/](\(.+\)|\d+)|\d+))'
            exp='+'+exp
      else:
            pattern=r'([\* \/](\(.+? \)|\d+))'
```

```
            exp='* '+exp
        result=''.join(sorted([i[0] for i in re.findall(pattern,exp)]))
        iflen(result)! =len(exp):
            result=exp
        return result[1:]

    #将输入的数字格式化为字典,数字的运算符号为空格,注意不是空字符
    @ staticmethod
    def format(nums):
        return [{'op':'','exp':str(num)} for num innums]

    #对表达式列表进行分组,返回列表,[[[n1,n2],[n3,n4]],[[n1,n3],[n2,n4]],...]
    @ staticmethod
    def group(exp_list,counter):

        #生成以下标号为元素的列表
        index_list=[i for i in range(len(exp_list))]

        #以下标号列表取出不重复的组合
        combination=list(combinations(index_list,counter))

        #使用下标得到原表达式并组成最终的结果数组
        for group1 in combination:
            group2=list(set(index_list)-set(group1))
            yield [
                [exp_list[g1] for g1 in group1],
                [exp_list[g2] for g2 in group2]
            ]

auto_input=False
if auto_input:
    from numpy import random
    customer_input=random.randint(1,20,size=4)
else:
    customer_input=list()
    customer_input.append(input('请输入第一个数字:'))
    customer_input.append(input('请输入第二个数字:'))
    customer_input.append(input('请输入第三个数字:'))
    customer_input.append(input('请输入第四个数字:'))

task=Solver()
answer=task.solution(customer_input)

if len(answer)==0:
    print('No solutions')
else:
    for a in answer:
        print(a)
```

在上述代码中,因为默认将 auto_input 的值设置为了 False,所以执行后需要手动输入四个数字,例如输入的四个数字分别是 1、2、6、4,则执行后会输出:

```
请输入第一个数字:1
请输入第二个数字:2
请输入第三个数字:6
请输入第四个数字:4
(2-1)* 4* 6=24
4* 6/(2-1)=24
(2+6)* (4-1)=24
```

2.4 算法演练:解决熄灯问题

有一个由按钮组成的矩阵,其中每行有 6 个按钮,共 5 行。每个按钮的位置上有一盏灯。当按下一个按钮后,该按钮以及周围位置(上下左右)的灯都会改变一次。即如果灯原来是点亮的,就会熄灭;如果灯原来是熄灭的,则会被点亮。在矩阵角上的按钮改变 3 盏灯的状态;在矩阵边上的按钮改变 4 盏灯的状态;其他的按钮改变 5 盏灯的状态。例如在图 2-2 中,左边矩阵中用 X 标记的按钮表示被按下,右边的矩阵表示灯状态的改变。对矩阵中的每盏灯设置一个初始状态。请按按钮,直至每一盏灯都熄灭。注意,与一盏灯毗邻的多个按钮被按下时,一个操作会抵消另一次操作的结果。

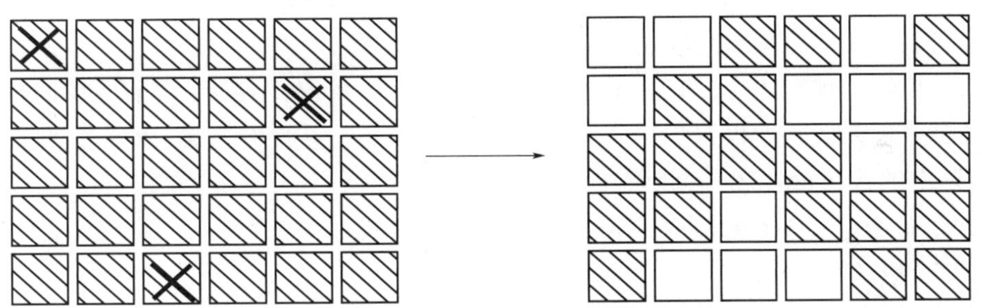

图 2-2　第一种举例

在图 2-3 中,第 2 行第 3、5 列的按钮都被按下,因此第 2 行、第 4 列的灯的状态就不会发生改变。

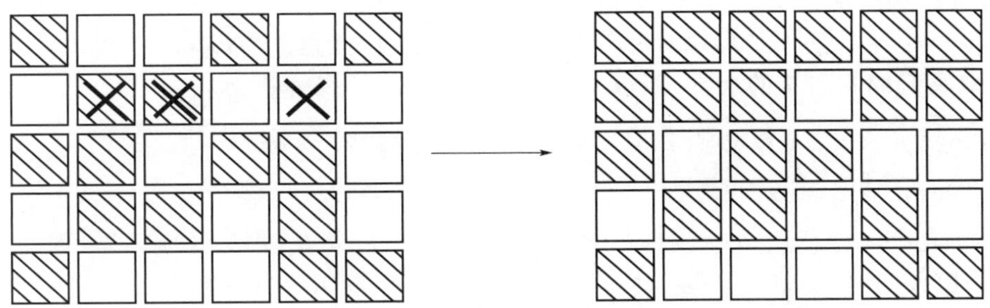

图 2-3　第二种举例

请写一个程序,确定需要按下哪些按钮,恰好使得所有的灯都熄灭。

根据上面的规则得出:

(1)第 2 次按下同一个按钮时,将抵消第 1 次按下时所产生的结果。因此,每个按钮最多只需要按下一次；

(2)各个按钮被按下的顺序对最终的结果没有影响；

(3)对第 1 行中每盏点亮的灯,按下第 2 行对应的按钮,就可以熄灭第 1 行的全部灯。

如此重复下去,便可以熄灭第 1、2、3、4 行的全部灯。同样,按下第 1、2、3、4、5 列的按钮,可以熄灭前 5 列的灯。

2.4.1 算法分析:规则中的规律

我们先来梳理一下这个问题的解决思路。

(1)当按下第 1 行按钮后,对于第 1 行仍亮着的灯,由第 2 行按钮控制；

(2)当按下第 2 行后,对于第 2 行仍亮着的灯,由第 3 行按钮控制,以此类推；

(3)第 4 行仍亮着的灯,由第 5 行按钮控制,最后判断第 5 行灯的亮灭状态；

(4)若第 5 行全熄灭,则第 1 行按钮的方式正确,否则,换一种第一行按下按钮的方式；

(5)对于初始矩阵而言,第 1 行按下的方式有 2^6 种,需一一枚举；

(6)其中数组 puzzle 代表灯的亮灭状态,1 代表亮,0 代表灭；

(7)而数组 press 则代表按钮是否按下,1 代表按下,0 代表不按。

在具体实现时,使用一个 6 * 8 的数组来表示按钮矩阵。用数组元素 press[i][j]表示为了让全部的灯都熄灭,是否要按下位置(i,j)上的按钮。由于第 0 行、第 0 列和第 7 列不属于按钮矩阵的范围,没有按钮,所以可以假设这些位置上的灯总是熄灭的。其他 30 个位置上的按钮是否需要按下是未知的。因此数组 press 共有 230 种取值。从这么大的一个空间中直接搜索我们要找的答案,显然代价太大,不合适。

我们从熄灯的规则中会发现答案中的元素值之间的规律,不满足这个规律的数组 press 就没有必要进行判断了。根据熄灯规则,如果矩阵 press 是寻找的答案,那么按照 press 的第 1 行对矩阵中的按钮操作之后,此时在矩阵的第 1 行上:

- 如果位置(1,j)上的灯是点亮的,则要按下位置(2,j)上按钮,即 press[2][j]一定取 1；
- 如果位置(1,j)上的灯是熄灭的,则不能按位置(2,j)上按钮,即 press[2][j]一定取 0。

因为灯的最后状态(是否按它下一行开关之前)与周围灯是否按按钮有关,如 puzzle[i][j],决定它最后状态的相关按钮为 press[i][j-1](左)、press[i][j](它本身)、press[i][j+1](右)、press[i-1][j](上),还有它最初的状态 puzzle[i][j]。考虑到按两次按钮作用会抵消,需要取它们的和与 2 的余数,所以 puzzle[i][j]最后状态公式为:

```
puzzle[i][j]最后状态=(press[i][j-1]+press[i][j]+press[i][j+1]+press[i-1]
[j]+puzzle[i][j])%2
```

而 press[i+1][j]由 puzzle[i][j]的最后状态决定,灯亮着(值为 1)就要关掉它,press 值取 1,灯是熄灭的(值为 0)不用处理,press 值取 0,它们是相等的,所以 press[i+1][j]等于 puzzle[i][j]的最后状态。

这样依据 press 的第 1、2 行操作矩阵中的按钮,才能保证第 1 行的灯全部熄灭。而对矩阵中第 3、4、5 行的按钮无论进行什么样的操作,都不影响第 1 行各灯的状态。以此类推,可以确定 press 第 3、4、5 行的值。因此,一旦确定了 press 第 1 行的值之后,为熄灭矩阵中第

1~4 行的灯，其他行的值也就随之确定了。

press 的第 1 行共有 64(2^6)种取值，分别对应唯一的一种 press 取值，使得矩阵中前 4 行的灯都能熄灭。只要对这 64 种情况进行判断就可以了：如果按照其中的某个 press 对矩阵中的按钮进行操作后，第 5 行的所有灯也恰好熄灭，则找到了答案。

我们这样来判断第 5 行灯是否是熄灭的，如 puzzle[5][*j*]，它的最终状态由按钮 press[5][*j*-1](左)、press[5][*j*](它本身)、press[5][*j*+1](右)、press[4][*j*](上)决定，如果 puzzle[5][*j*]原先亮着(值为 1)，那么决定它最终状态的按钮作用互相抵消后，某一个按钮仍然需要是按下的(值为 1)，如果 puzzle[5][*j*]原先熄灭的(值为 0)，那么决定它最终状态的按钮作用互相抵消后，没有按钮是按下的(值为 0)。判断公式为：

```
if(press[5][c-1]+press[5][c]+press[5][c+1]+press[4][c])%2!=puzzle[5][c]:
```

如果是相等的，则该灯是熄灭的，否则它还是亮着的。

2.4.2 具体实现

编写文件 xideng.py 中，在枚举的时候将按钮矩阵的第 1 行看作一个二进制数，然后通过"++"实现遍历。文件 xideng.py 的具体实现代码如下：

```
importnumpy as np

line=[[0]* 6]* 5
for i in range(5):
      line[i]=input("请输入第"+str(i)+"行:").split(',')
      #将 line 中的元素转换为整型
      line[i]=list(map(int,line[i]))

puzzle=np.array(line)
zero=np.zeros(6)
#向 puzzle 中的最上面加入一行 0
puzzle=np.insert(puzzle,0,values=zero,axis=0)
#向 puzzle 中的最后一列加入一列 0
puzzle=np.insert(puzzle,6,values=zero,axis=1)
#向 puzzle 中的第 0 列加入一行 0
puzzle=np.insert(puzzle,0,values=zero,axis=1)

b=[[0 for col in range(8)] for row in range(6)]  #6* 8 不要写反
press=np.array(b)


#或 press=np.zeros((6,8))
def guess():
     for r in range(1,5):
           for c in range(1,7):
                 #根据 press 的第一行和 puzzle 的第一行,确定 press 其他行的值
                 press[r+1][c]=(puzzle[r][c]+press[r][c]+press[r-1][c]+press
                 [r][c-1]+press[r][c+1])%2
```

```
    #判断所计算的 press 能否熄灭最后一行的所有灯
    for c in range(1,7):
        if(press[5][c-1]+press[5][c]+press[5][c+1]+press[4][c])%2!=
        puzzle[5][c]:
            return 0
    return 1
    #枚举第一行按下开关的所有可能性,有 2^6 个


def enumeration():
    while guess()==0:
        press[1][1]+=1
        c=1
        while(press[1][c]>1):
            press[1][c]=0
            c+=1
            press[1][c]+=1
        continue


enumeration()
print("灯的初始状态:\n",puzzle[1:6,1:7])
print("按下结果为:\n",press[1:6,1:7])
```

执行后会提示输入 5 行数据,我们输入下面的数据后的执行结果是:

```
请输入第 0 行:0,0,0,1,1,1
请输入第 1 行:0,1,0,0,1,0
请输入第 2 行:1,1,1,0,0,0
请输入第 3 行:1,0,1,1,0,1
请输入第 4 行:0,0,0,1,0,1
灯的初始状态:
[[0 0 0 1 1 1]
[0 1 0 0 1 0]
[1 1 1 0 0 0]
[1 0 1 1 0 1]
[0 0 0 1 0 1]]
按下结果为:
[[1 0 1 0 0 0]
[1 0 1 0 1 1]
[0 1 0 0 1 0]
[1 0 1 1 0 0]
[0 1 1 1 0 1]]
```

在上述代码中,首先将用户输入的灯的状态保存起来构成一个二维队列,然后枚举了所有位置灯光的可能性,使用 for 循环根据 press 行和 puzzle 行的值确定 press 其他行的值。

2.5 算法演练:解决旅行销售员问题

旅行销售员问题是一种经典的组合优化问题,来源于运筹学和计算机科学领域。

2.5.1 问题介绍

旅行销售员问题为:一位销售员必须从一个地方出发,访问一组不同的城市,然后回到出发地,使得旅行的总距离最短。该问题具有重要的理论和实际应用,因此一直受到广泛研究,其基本定义包括以下要素:

①城市集合:给定一组城市,通常用点的坐标来表示每个城市的位置。

②目标函数:最小化销售员的总旅行距离或成本。

③约束条件:销售员必须访问每个城市一次且仅一次,最终回到出发城市。

旅行销售员问题在实际生活中有许多应用,包括:

①物流规划:优化货物的送货路线,减少成本和时间。

②电路板设计:寻找连接电子元件的最短路径,以降低电路板的制造成本。

③旅游规划:规划旅游路线,以在有限时间内访问尽可能多的景点。

④生物学:模拟蛋白质折叠等生物学问题。

2.5.2 算法分析

本项目将使用枚举算法来解决旅行销售员问题,下面是详细的算法分析介绍:

(1)城市定义:首先,定义了一个字典 cities,其中包含了城市标识符(A、B、C、D、E、F)以及每个城市的坐标(x,y)。

(2)计算两点之间的距离:定义了一个函数 distance(city1,city2),用于计算两个城市之间的距离。这个函数使用城市坐标,计算并返回两点之间的距离。

(3)计算路径总距离:定义了另一个函数 total_distance(path),用于计算给定路径的总距离。它遍历路径中的每一对相邻城市,计算它们之间的距离,然后将这些距离相加,包括回到起点城市的距离。

(4)枚举所有可能的路径:通过使用 itertools 中的 permutations()函数,生成了所有可能的城市排列,这些排列代表了销售员所有可能的旅行路径。然后,初始化了一个变量 min_distance 用于记录最短路径的距离,并初始化一个空列表 optimal_path 用于记录最短路径的城市顺序。

(5)计算最短路径:通过遍历所有可能的路径,依次计算每条路径的总距离,并与 min_distance 进行比较。如果当前路径的距离更短,就更新 min_distance 和 optimal_path 为当前路径的值。

(6)输出结果:打印输出找到的最短路径和对应的最短距离。

2.5.3 具体实现

根据上面的算法分析编写程序文件 lv. py,具体实现代码如下:

```
fromitertools import permutations

#定义城市坐标
cities={
      'A':(0,0),
      'B':(1,2),
      'C':(2,1),
      'D':(4,3),
      'E':(5,2),
      'F':(3,4)
}

#计算两点之间的距离
def distance(city1,city2):
      x1,y1=cities[city1]
      x2,y2=cities[city2]
      return((x1-x2)* * 2+(y1-y2)* * 2)* * 0.5

#计算路径总距离
def total_distance(path):
      total=0
      fori in range(len(path)-1):
            total+=distance(path[i],path[i+1])
      total+=distance(path[-1],path[0])
      return total

#枚举所有可能的路径
city_names=list(cities.keys())
min_distance=float('inf')
optimal_path=[]

for path in permutations(city_names):
      path_distance=total_distance(path)
      if path_distance<min_distance:
            min_distance=path_distance
            optimal_path=path

print(f"最短路径:{optimal_path}")
print(f"最短距离:{min_distance}")
```

在上述代码中包含了六个城市,计算了所有可能的排列以找到最短路径。

执行后会输出:

```
最短路径:('A','B','F','D','E','C')
最短距离:13.29126786466034
```

第 3 章　递归算法思想

递归算法能够不断地将问题分解为同类的子问题，然后解决这些子问题，最终达到解决完整问题的目的。在现实应用中，因为递归算法经常被用于解决计算机科学问题，所以它是计算机科学中十分重要的一个概念。在本章的内容中，将详细讲解递归算法思想的基本知识，并通过具体例子详细讲解递归算法的用法和技巧，为步入本书后面知识的学习打下基础。

3.1　递归算法思想基础

递归算法跟平常用到的递归函数类似，是一种直接或者间接调用自身函数或者方法的算法。在使用递归算法时必须明确知道函数想要干什么，要完成什么样的一件事。然后寻找出递归结束的条件。请注意，这时我们必须能根据结束的条件知道递归结果是什么。

为了帮助大家理解递归算法，我们举一个关于递归算法的通俗比喻。

我们使用的词典本身就是递归，为了解释一个词，需要使用更多的词。当你查一个词时，发现这个词的解释中某个词仍然不懂，于是你开始查这第二个词，可惜，第二个词里仍然有不懂的词，于是查第三个词，这样查下去，直到有一个词的解释是你完全能看懂的，那么递归就走到了尽头，然后你开始后退，逐个明白之前查过的每一个词，最终，你明白了最开始那个词的意思。

3.2　算法演练：解决“斐波那契数列”问题

斐波那契数列又称为“兔子数列”。一般而言，兔子在出生两个月后就有繁殖能力，一对兔子每个月能生出一对小兔子来。如果所有兔子都不死，那么一年以后可以繁殖多少对兔子？

3.2.1　算法分析：找出兔子增加的规律

以新出生的一对小兔子进行如下分析：

①第一个月小兔子没有繁殖能力，所以还是一对；

②2 个月后（第 3 个月），一对小兔子生下了一对新的小兔子，所以共有两对兔子；

③3 个月以后（第 4 个月），老兔子又生下一对，因为小兔子还没有繁殖能力，所以一共是 3 对；

…………

以此类推，可以列出关系表，如表 3-1 所示。

表 3-1　月数与兔子对数关系表

月数	1	2	3	4	5	6	7	8	…
对数	1	1	2	3	5	8	13	21	…

表 3-1 中数字 1、1、2、3、5、8……构成了一个数列,这个数列有十分明显的特点:前面相邻两项之和等于后一项。这个特点的证明:某月兔子的对数等于其前面紧邻两个月的和。

由此可以得出具体算法如下:

设置初始值为 $F_0=1$;

第 1 个月兔子的总数是 $F_1=1$;

第 2 个月的兔子总数是 $F_2=F_0+F_1$;

第 3 个月的兔子总数是 $F_3=F_1+F_2$;

第 4 个月的兔子总数是 $F_4=F_2+F_3$;

…………

第 n 个月的兔子总数是 $F_n=F_{n-2}+F_{n-1}$。

3.2.2　具体实现

因为递归算法思想往往用函数的形式来体现,所以递归算法需要预先编写功能函数。这些函数具有独立的功能,能够解决某个具体的问题,当需要时直接调用即可。在下面的示例文件 di.py 中编写了递归函数 fib_num(),设置当 $n>1$ 时调用函数自身 fib_num()计算斐波那契数列。斐波那契数列的第 n 项值等于 fib_num($n-1$)+fib_num($n-2$)。

具体实现代码如下:

```
fib_table={}

def fib_num(n):
     if(n<=1):
          returnn
     if n not in fib_table:
          fib_table[n]=fib_num(n-1)+fib_num(n-2)
     return fib_table[n]

n=int(input("输入斐波那契数列的第 n 项\n"))
print("斐波那契数数列的第",n,"项是",fib_num(n))
```

执行后会输出:

```
输入斐波那契数列的第 n 项
4
斐波那契数数列的第  4 项是 3
```

3.3　算法演练:阶乘问题

自然数由 1~n 的 n 个数连续相乘的积叫作 n 的阶乘,记作 $n!$。例如所要求的数是 4,则阶乘式是 1×2×3×4,得到的积是 24,即 24 就是 4 的阶乘。

3.3.1　算法分析:拆分调用

接下来我们以 6 的阶乘为例,看一下其计算时的拆分过程,每一次拆分就是一个递归调用的过程。计算 6 的阶乘的计算过程如图 3-1 所示。

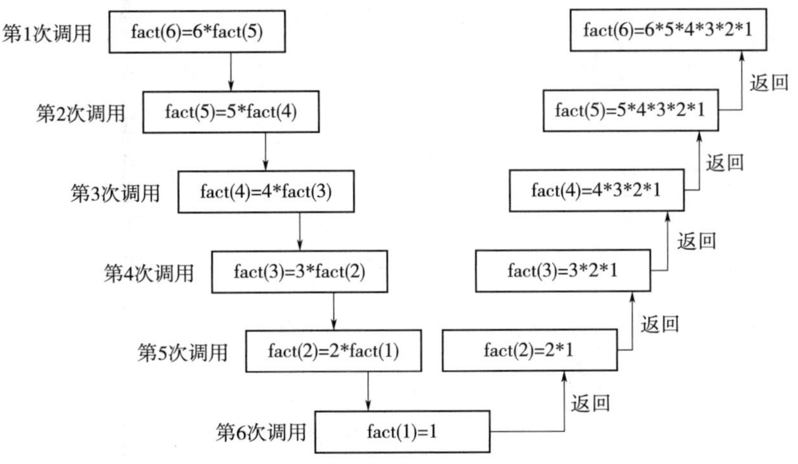

图 3-1　计算 6 的阶乘的过程

由此可以得出一个结论:n 的阶乘就是 $n\times\text{fact}(n-1)$,这样在编码时就可以根据这个结论编写代码。

3.3.2　具体实现:显示 6 以内整数的阶乘过程

在下面的示例文件 gui. py 中,根据前面算法分析中的思路编写代码,通过函数 fact(n)计算整数 n 的阶乘。如果 n 的值是 1,则对应的阶乘是 1,如果 n 的值不是 1 则对应的阶乘是 $n\times\text{fact}(n-1)$。

具体实现代码如下:

```
def fact(n):
    print("factorial has been called with n="+str(n))
    if n==1:
        return 1
    else:
        res=n* fact(n-1)
        print("intermediate result for ",n,"* fact(",n-1,"):",res)
        return res


print(fact(6))
```

执行后会输出:

```
factorial has been called with n=6
factorial has been called with n=5
factorial has been called with n=4
```

```
factorial has been called with n=3
factorial has been called with n=2
factorial has been called with n=1
intermediate result for  2  * fact(1):  2
intermediate result for  3  * fact(2):  6
intermediate result for  4  * fact(3):  24
intermediate result for  5  * fact(4):  120
intermediate result for  6  * fact(5):  720
720
```

3.4 算法演练:进制转换器

编写一个 Python 程序,将输入的十进制数字转换为二进制。

3.4.1 算法分析:除以 2 获取余数

在计算机进制中,十进制转二进制的过程是一个不断除以 2 获取余数的过程。我们可以考虑编写一个函数,然后采用递归“除以 2 获取余数”的方式返回一个字符串结果。也就是编写一个函数,能够除以 2 并看它的余数是否还可以继续除以 2,如果可以,就递归除以 2 并一直循环下去直到不能除以 2 为止。如果不能,则停止递归。

3.4.2 具体实现:输出十进制数字 10 对应的二进制数

根据上面的算法分析的思路编写文件 di01. py,通过递归函数 b(n)计算一个数的二进制数。示例文件 di01. py 具体实现代码如下:

```
def b(n):
    if n//2==0:
          n=str(n)
          return n
    else:
          x=n%2
          n=n//2
          s=str(x)
          return b(n)+s

print(b(10))
```

在上述代码中,首先定义了一个名为 b 的函数,该函数接受一个整数 n 作为参数。然后,检查 n 是否可以被 2 整除。如果是,它将 n 转换为字符串并返回。如果 n 不能被 2 整除,它计算 n 对 2 取余数(0 或 1),然后将 n 除以 2(整数除法)。接着,它将余数转换为字符串 s。最后,使用递归调用 b(n)来处理 n 的下一个位,并将当前的余数 s 添加到结果中,以便构建二进制表示形式。执行后会输出:

```
1010
```

由此可见,十进制数字 10 对应的二进制数是 1010。

3.5　算法演练:解决二叉树遍历问题

二叉树的遍历有先序遍历、中序遍历和后序遍历三种遍历方式,其中的先、中、后指的是访问根节点的顺序。遍历总体思路是将树分成最小的子树,然后按照顺序输出。请编写一个 Python 程序,实现二叉树的递归遍历(实现前、中、后、层次的遍历)。

3.5.1　算法分析:实现三种遍历方式

我们来梳理一下三种不同遍历方式的流程。

(1)假设存在如图 3-2 所示的二叉树,则先序遍历的流程如下:

a. 访问根节点;

b. 访问左节点;

c. 访问右节点。

完整顺序是:a(b(d(h))(e(i)))(c(f)(g))——abdheicfg。

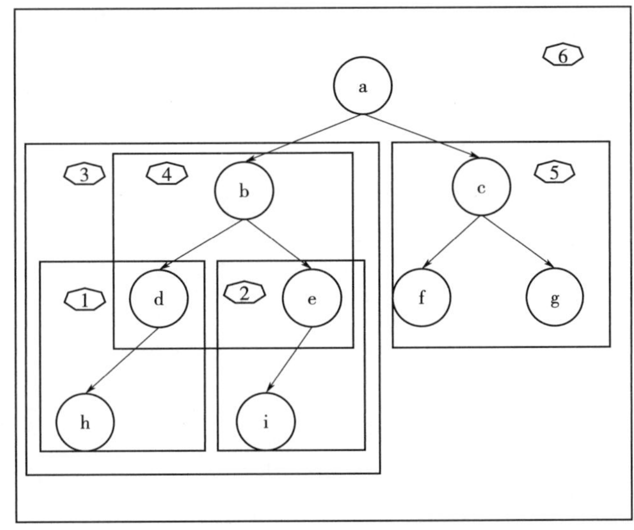

图 3-2　示例二叉树

(2)中序遍历的流程如下:

a. 访问左节点;

b. 访问根节点;

c. 访问右节点。

完整顺序是:(((h)d)b((i)e))a((f)c(g))——hdbieafcg。

(3)后序遍历的流程如下:

a. 访问左节点;

b. 访问右节点;

c. 访问根节点。

完整顺序是:((hd)(ie)b)(fgc)a——hdiebfgca。

3.5.2 实现树的结构

在遍历二叉树之前，首先需要建立一个二叉树。编写文件 shu01.py 实现一个基本的树结构，树的节点有左指针、右指针和自身的值三个私有属性。文件 shu01.py 的具体实现代码如下：

```
class Node():

    def__init__(self,data=None):
        self._data=data
        self._left=None
        self._right=None

    def set_data(self,data):
        self._data=data

    def get_data(self):
        return self._data

    def set_left(self,node):
        self._left=node

    def get_left(self):
        return self._left

    def set_right(self,node):
        self._right=node

    def get_right(self):
        return self._right


if__name__=='__main__':
    #实例化根节点
    root_node=Node('a')
    # root_node.set_data('a')
    #实例化左子节点
    left_node=Node('b')
    #实例化右子节点
    right_node=Node('c')

    #给根节点的左指针赋值,使其指向左子节点
    root_node.set_left(left_node)
    #给根节点的右指针赋值,使其指向右子节点
    root_node.set_right(right_node)

    print(root_node.get_data(),root_node.get_left().get_data(),root_
node.get_right().get_data())
```

对上述代码的具体说明如下：

(1)定义了一个二叉树的节点类 Node,每个节点具有一个数据值、一个左子节点和一个右子节点。该类包括以下方法：

- __init__(self,data=None):初始化方法,用于创建一个节点对象,可以传入一个数据值作为参数。
- set_data(self,data):用于设置节点的数据值。
- get_data(self):用于获取节点的数据值。
- set_left(self,node):用于设置节点的左子节点。
- get_left(self):用于获取节点的左子节点。
- set_right(self,node):用于设置节点的右子节点。
- get_right(self):用于获取节点的右子节点。

(2)“if__name__=='__main__':”:创建了一个二叉树的根节点 root_node、一个左子节点 left_node 和一个右子节点 right_node。然后,通过设置根节点的左子节点和右子节点建立了一个简单的二叉树结构。最后,打印了根节点及其左子节点和右子节点的数据值。

执行后会输出：

```
a b c
```

3.5.3 递归遍历方案

编写文件 shu02.py 实现树的递归遍历(前、中、后、层次的遍历),首先定义实现树结构的类 Node。编写四个函数 pro_order()、pos_order()、mid_order()和 row_order()分别实现先序遍历、后序遍历、中序遍历和层次遍历。文件 shu02.py 的具体实现代码如下：

```
#实现树结构的类,树的节点有三个私有属性 左指针 右指针 自己的值
class Node():

    def__init__(self,data=None,left=None,right=None):
        self._data=data
        self._left=left
        self._right=right


#先序遍历函数,遍历过程 根左右
def pro_order(tree):
    if tree==None:
        return False
    print(tree._data)
    pro_order(tree._left)
    pro_order(tree._right)


#后序遍历
def pos_order(tree):
    if tree==None:
```

```
        return False
    #print(tree.get_data())
    pos_order(tree._left)
    pos_order(tree._right)
    print(tree._data)


#中序遍历
def mid_order(tree):
    if tree==None:
        return False
    #print(tree.get_data())
    mid_order(tree._left)
    print(tree._data)
    mid_order(tree._right)


#层次遍历
def row_order(tree):
    #print(tree._data)
    queue=[]
    queue.append(tree)
    while True:
        if queue==[]:
            break
        print(queue[0]._data)
        first_tree=queue[0]
        if first_tree._left != None:
            queue.append(first_tree._left)
        if first_tree._right != None:
            queue.append(first_tree._right)
        queue.remove(first_tree)


if __name__=='__main__':
    tree=Node('A',Node('B',Node('D'),Node('E')),Node('C',Node('F'),Node('G')))
    pro_order(tree)
    mid_order(tree)
    pos_order(tree)
```

执行后会输出：

```
A
B
D
E
C
```

```
F
G
D
B
E
A
F
C
G
D
E
B
F
G
C
A
```

3.6 算法演练:图像分割问题

图像分割是将一幅图像分成若干个部分的过程,其中每个部分具有特定的特征或含有特定的对象。图像分割在医学图像处理、计算机视觉和遥感图像处理中具有重要的实践价值。

3.6.1 问题介绍

给定一张黑白图像,其中包含一些相邻的方块,方块之间通过黑色边界分隔。请编写一个 Python 程序来实现图像分割,将图像分成不同的方块,并输出每个方块的像素坐标。

(1)输入

一个黑白图像,可以表示为一个包含 0 和 1 的二维数组,其中 0 表示方块,1 表示背景。

(2)输出

分割后的方块,每个方块的像素坐标。

(3)示例

```
image=np.array([
    [0,0,1,1,0],
    [0,0,0,1,1],
    [1,1,0,0,1],
    [0,0,1,1,0],
    [0,0,0,0,0]
])

#输出方块坐标
Region 1:[(0,0),(0,1),(1,0),(1,1)]
Region 2:[(0,2),(0,3)]
Region 3:[(1,2)]
```

```
Region 4:[(1,3),(1,4)]
Region 5:[(2,0),(2,1),(2,4)]
Region 6:[(3,0),(3,1)]
Region 7:[(3,2),(3,3)]
Region 8:[(4,0),(4,1),(4,2),(4,3)]
```

3.6.2 算法分析

我们来梳理一下使用递归算法解决上述图像分割的基本步骤。

1. 初始化

创建一个类 File 表示图像中的像素,每个像素可以是一个方块或背景。方块像素的值为 0,背景像素的值为 1。

2. 图像分割

(1)从左上角的像素开始,遍历图像的每个像素。

①如果遇到背景像素(值为 1),继续遍历下一个像素。

②如果遇到方块像素(值为 0),创建一个空列表 region 存储当前方块的像素坐标。

③调用递归函数 segment_image()开始搜索并标记与当前像素相连的所有方块像素,并将它们的坐标添加到 region 列表中。

④递归函数 segment_image()的步骤如下:

a. 检查当前像素是否越界或已标记为背景,如果是,则返回;

b. 将当前像素标记为背景;

c. 递归调用函数 segment_image()来检查当前像素周围的像素(上、下、左、右)。

⑤当函数 segment_image()递归结束后,将 region 列表存储为一个方块。

(2)重复以上步骤,直到整个图像被遍历完成。

3. 输出结果

将分割后的方块的像素坐标打印出来,每个方块对应一个区域。

4. 复杂度分析

- 时间复杂度:递归算法的时间复杂度取决于图像中方块的数量和图像的大小。最差情况下,每个像素都需要被访问一次,因此时间复杂度为 $O(N)$,其中 N 为像素总数。
- 空间复杂度:递归调用的深度取决于方块的数量和它们的相邻性。最差情况下,如果所有像素都属于一个方块,递归深度为 $O(N)$,因此空间复杂度为 $O(N)$。

3.6.3 具体实现

根据上面的算法分析编写程序文件 tu. py,具体实现代码如下:

```
import numpy as np
import matplotlib.pyplot as plt

#创建一个简单的示例图像(黑白矩阵,0 表示黑色,1 表示白色)
image=np.array([
```

```
    [0,0,1,1,0],
    [0,0,0,1,1],
    [1,1,0,0,1],
    [0,0,1,1,0],
    [0,0,0,0,0]
])

#深度优先搜索算法,用于从指定点(x,y)开始将相邻的黑色像素组成一个区域
def segment_image(image,region,x,y):
    if x<0 or y<0 or x>=image.shape[0] or y>=image.shape[1] or image[x][y]==1:
        return
    image[x][y]=1
    region.append((x,y))
    segment_image(image,region,x+1,y)
    segment_image(image,region,x-1,y)
    segment_image(image,region,x,y+1)
    segment_image(image,region,x,y-1)

#将图像分割成多个区域
def image_segmentation(image):
    regions=[]
    for x in range(image.shape[0]):
        for y in range(image.shape[1]):
            if image[x][y]==0:
                region=[]
                segment_image(image,region,x,y)
                regions.append(region)
    return regions

def main():
    print("原始图像:")
    plt.imshow(image,cmap='gray')
    plt.show()
    regions=image_segmentation(image)

    print("\n分割后的区域:")
    for i,region in enumerate(regions):
        print(f"区域{i+1}:{region}")

if __name__=="__main__":
    main()
```

在上述代码中创建了一个简单的黑白图像,然后使用递归算法对图像进行分割,将图像分成不同的区域。分割后,每个区域的像素坐标存储在 regions 列表中。执行后会输出绘制的分割图,如图 3-3 所示。

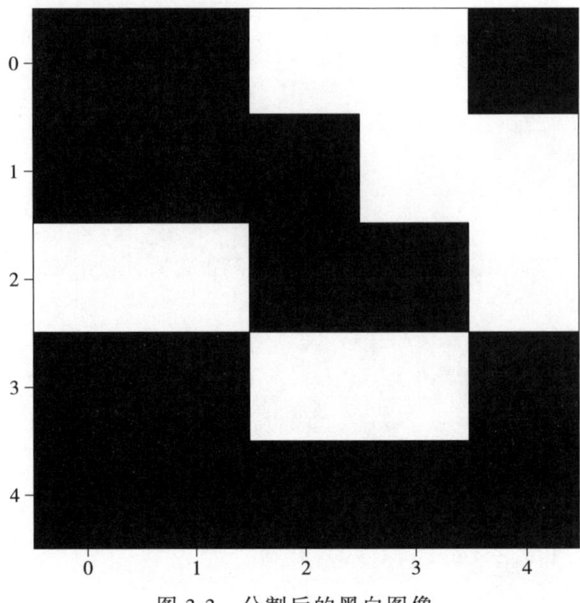

图 3-3　分割后的黑白图像

第4章　分治算法思想

在常用的算法思想中，分治算法在字面上的解释是“分而治之”，就是把一个难以解决的复杂问题分割成两个或更多的相同或相似的子问题，再把子问题分成更小的子问题……直到最后子问题可以简单地直接求解，原问题的解便是子问题的解的合并。在本章的内容中，将详细讲解分治算法思想的基本知识，为大家步入本书后面知识的学习打下基础。

4.1　分治算法思想基础

在编程过程中，经常遇到处理数据相当多、求解过程比较复杂、直接求解法会比较耗时的问题。在求解这类问题时，可以采用各个击破的方法。具体做法是：对于一个规模为 n 的问题，若该问题可以容易地解决（比如说规模 n 较小）则直接解决，否则将其分解为 k 个规模较小的子问题，这些子问题互相独立且与原问题形式相同，递归地解这些子问题，然后将各子问题的解合并得到原问题的解。这种算法设计策略叫作分治算法。

分治法所能解决的问题一般具有以下几个特征：

(1)该问题的规模缩小到一定的程度就可以很容易解决。

(2)该问题可以分解为若干个规模较小的相同问题，即该问题具有最优子结构性质。

(3)利用该问题分解出的子问题的解可以合并为该问题的解。

(4)该问题所分解出的各个子问题是相互独立的，即子问题之间不包含公共的子问题。

4.2　算法演练：二分法找出有序列表指定值

二分法是一种快速查找的方法，时间复杂度低，逻辑简单易懂，总的来说就是不断地除以 2……在本节的内容中，将讲解使用二分法找出有序列表指定值的过程。

4.2.1　算法分析：确定中位数

二分法查找非常快且常用，但是唯一要求是数组必须是有序的。例如需要查找有序数组 arr 里面的某个关键字 key 的位置，那么首先确认 arr 的中位数或者中点 center，下面分为三种情况：

(1)假如 arr[center]>key，说明 key 在 arr 中心左边范围；

(2)假如 arr[center]<key，说明 key 在 arr 中心右边范围；

(3)假如 arr[center]=key，说明 key 在 arr 中心。

每执行一次，查找范围缩小一半。可以编写一个 while 死循环，一直到找到最终结果为止。

4.2.2 实现方案:先判断再查询

编写文件 erfen01. py,定义二分法查找函数 BinarySearch(),先判断 key 是否在 arr 里,然后再进行查询操作。文件 erfen01. py 的具体实现代码如下:

```
def BinarySearch(arr,key):
    #记录数组的最高位和最低位
    min=0
    max=len(arr)-1

    if key inarr:
        #建立一个死循环,直到找到 key
        while True:
            #得到中位数
            #这里一定要加 int,防止列表是偶数的时候出现浮点数据
            center=int((min+max)/2)
            # key 在数组左边
            if arr[center]>key:
                max=center-1
            # key 在数组右边
            elif arr[center]<key:
                min=center+1
            # key 在数组中间
            elif arr[center]==key:
                print(str(key)+"在数组里面的第"+str(center)+"个位置")
                returnarr[center]
    else:
        print("没有该数字!")

if __name__=="__main__":
    arr=[1,6,9,15,26,38,49,57,63,77,81,93]
    while True:
        key=input("请输入你要查找的数字:")
        if key==" ":
            print("谢谢使用!")
            break
        else:
            BinarySearch(arr,int(key))
```

在上述代码中,首先定义了一个二分查找函数 BinarySearch(arr,key),用于在已排序的数组 arr 中查找元素 key。然后通过 min 和 max 记录数组的最低位和最高位,进入一个循环,该循环将一直执行,直到找到元素 key 或确定它不存在。在循环中,首先计算中位数 center,确保它是整数,以防止浮点数问题。然后,根据 key 与 center 的关系,调整 min 或 max,以缩小搜索范围。如果找到了 key,则输出其位置,并返回该元素。最后,在主程序中初始化一个已排序的数组 arr,并进入一个循环,等待用户输入要查找的数字。用户可以通过输入空格来结束程序。如果输入了一个数字,代码将调用 BinarySearch()函数来查找并输出数字的位置,或者如果数字不存在则输出“没有该数字!”。执行后会输出:

```
请输入你要查找的数字:9
9 在数组里面的第 2 个位置
请输入你要查找的数字:26
26 在数组里面的第 4 个位置
请输入你要查找的数字:
谢谢使用!
```

4.3 算法演练:求顺序表中数据最大值

现在存在一个列表,列表中有 n 个整数,请用分治算法找出列表中的最大值。例如存在列表[12,2,23,45,67,3,2,4,45,63,24,23],里面的最大值是 67。

4.3.1 算法分析:找出每一个分组中的最大值

我们通过如下两种情况来分析具体的算法实现:

(1)如果在列表中只有一个或两个元素时,使用内置函数 max()返回其中的最大值。

(2)如果列表中多于两个元素时,将列表中的元素个数除以 2 进行分割,分割成两段列表。然后分别找出两段列表中的最大值,最后比较这两个最大值,其中较大的就是列表中的最大值。

4.3.2 具体实现:找出给定列表 list 中的最大值

编写实例文件 zuida.py,用分治算法求顺序表 list 中的数据最大值,定义以下两个函数:

- 函数 get_max():当只有两个或更少数字时,通过此函数比较两个数的大小,并返回较大的数字。
- 函数 solve2():是基于分治算法实现的,当只有两个或更少数字时调用函数 get_max()返回最大值,如果有两个以上的数字则使用分治算法拆分问题。

文件 zuida.py 的具体实现代码如下:

```
#基本子算法(子问题规模小于等于 2 时)
def get_max(max_list):
    return max(max_list)

#分治法 版本二
def solve2(init_list):
    n=len(init_list)
    if n<=2:  #若问题规模小于等于 2,解决
        return get_max(init_list)

    #分解(子问题规模为 n/2)
    left_list,right_list=init_list[:n//2],init_list[n//2:]

    #递归(树),分治
    left_max,right_max=solve2(left_list),solve2(right_list)
```

```
        #合并
        return get_max([left_max,right_max])

if __name__=="__main__":
        #测试数据
        test_list=[12,2,23,45,67,3,2,4,45,63,24,23]
        #求最大值
        print(solve2(test_list))  #67
```

执行后会输出:

```
67
```

4.4 算法演练:找出一组序列中第 *k* 小(大)的元素

找出一组序列中第 k 小的元素,例如列表[3,4,1,6,3,7,9,13,93,0,100,1,2,2,3,3,2]中的第 3 小的元素是 2,第 1 小的元素是 1。

4.4.1 算法分析:设置枢纽元素

在本实例中,假设有 n 个数存储在列表 a 中,我们从 a 中随机找出一个元素作为枢纽元素,把列表分为两部分。其中左边元素都不比枢纽元素大,右边元素都不比枢纽元素小。此时枢纽元素所在的位置记为 mid,情况如下:

- 如果右半边(包括 a[mid])的长度恰好为 k,说明 a[mid]就是需要的第 k 大元素,直接返回 a[mid]。
- 如果右半边(包括 a[mid])的长度大于 k,说明要寻找的第 k 大元素就在右半边,向右半边寻找。
- 如果右半边(包括 a[mid])的长度小于 k,说明要寻找的第 k 大元素就在左半边,向左半边寻找。

4.4.2 具体实现:找出第 *k* 小的元素

编写实例文件 k.py 中,功能是使用分治算法找出一组序列中第 k 小的元素。

- 函数 partition():设置枢纽元 pi,将所有的元素分成两组,一组小于等于 pi,一组大于 pi。
- 函数 select():使用分治算法比较分组中元素的大小,找出第 k 小的元素。

实例文件 k.py 的具体实现代码如下:

```
#划分(基于主元 pivot)
def partition(seq):
    pi=seq[0]   #挑选主元
    lo=[x for x in seq[1:] if x<=pi]   #所有小的元素
    hi=[x for x in seq[1:] if x>pi]   #所有大的元素
    return lo,pi,hi
```

```
#查找第 k 小的元素
def select(seq,k):
    #分解
    lo,pi,hi=partition(seq)
    m=len(lo)
    if m==k:
        return pi  #解决!
    elif m<k:
        return select(hi,k-m-1)  #递归(树),分治
    else:
        return select(lo,k)  #递归(树),分治

if __name__=='__main__':
    seq=[3,4,1,6,3,7,9,13,93,0,100,1,2,2,3,3,2]
    print(select(seq,3))
    print(select(seq,1))
```

执行后会输出:

```
2
1
```

4.5　算法演练:实现归并排序

归并排序(merge sort)是将待排序数据分成两部分,然后继续将两个子部分进行递归的归并排序,最后将已经有序的两个子部分进行合并,最终完成排序。请编写一个 Python 程序,使用分治算法对一个指定的列表实现归并排序。

4.5.1　算法分析:中间下标与值大小分配

归并排序的基本思路是先找到一个数组的中间下标 mid,然后以这个 mid 为中心,对两边分别进行排序,之后我们再根据两边已排好序的子数组,重新进行值大小分配。假设我们要排序的数字是 8、6、2、3、1、5、7、4,则归并排序的过程如下:

步骤一:利用分治思想将待排序列递归分成细度为 1 的子序列,如图 4-1 所示。

步骤二:此时,每个子序列只有一个元素,无须排序,两两进行简单的归并,如图 4-2 所示。

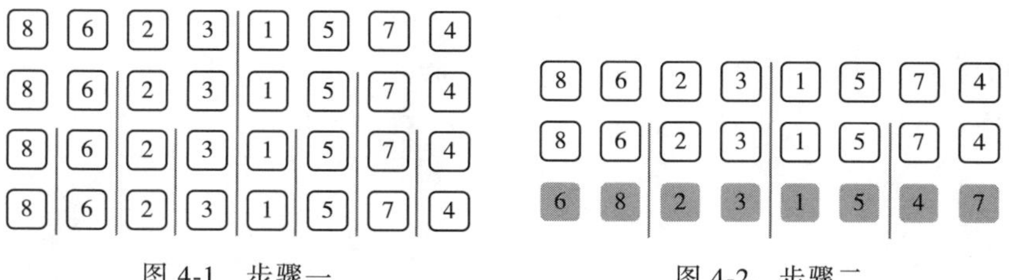

图 4-1　步骤一　　图 4-2　步骤二

步骤三:归并到上一个层级后继续归并,归并到更高的层级,如图 4-3 所示。

步骤四:直至归并完成,完成排序工作,如图 4-4 所示。

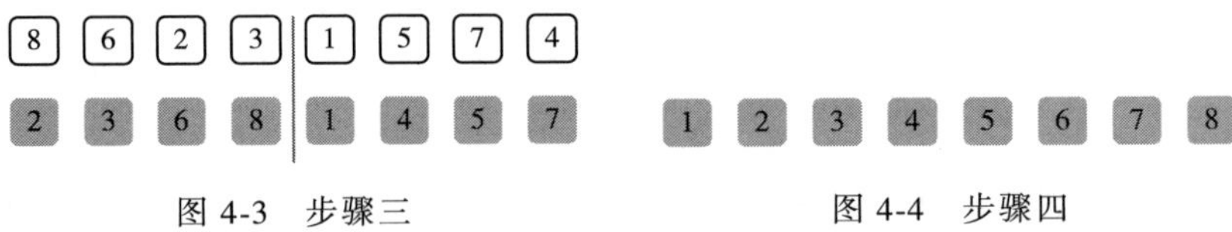

图 4-3　步骤三　　　　图 4-4　步骤四

4.5.2 具体实现:对列表[1,6,12,3,8]进行归并排序

编写示例文件 guibing.py,功能是对列表[1,6,12,3,8]实现归并排序。具体实现代码如下:

```
def mergesort(seq):
    #计算列表中点位置
    mid=len(seq)//2
    #如果列表长度小于等于1,直接返回
    if len(seq)<=1:
        return seq
    #递归排序左半部分
    lft=mergesort(seq[:mid])
    #递归排序右半部分
    rgt=mergesort(seq[mid:])
    res=[]
    #合并排序后的左右两部分
    while lft and rgt:
        if lft[-1]>=rgt[-1]:
            res.append(lft.pop())
        else:
            res.append(rgt.pop())
    #反转结果,以确保最小值在前
    res.reverse()
    #返回合并排序后的序列
    return lft+rgt+res
print(mergesort([1,6,12,3,8]))
```

执行后会输出:

```
[1,3,6,8,12]
```

4.6 算法演练:整数划分

整数划分问题是将正整数 n 表示成一系列正整数之和,表达式为 $n=n_1+n_2+\cdots+n_k$,其中 $n_1\geqslant n_2\geqslant\cdots\geqslant n_k\geqslant 1,k\geqslant 1$。例如正整数 6 有如下 11 种不同的划分形式:

```
6;
5+1;
4+2,4+1+1;
3+3,3+2+1,3+1+1+1;
2+2+2,2+2+1+1,2+1+1+1+1;
1+1+1+1+1+1
```

请编写一个 Python 程序，解决整数划分问题，计算整数 6 最大加数是 2 时的划分数量。

4.6.1　算法分析：梳理递归关系

在正整数 n 的所有划分形式中，将最大加数 N_1 不大于 m 的划分形式的个数记做 Divide(n,m)，建立如下所示的递归关系式：

(1) 当最大加数不大于 1 的时候，只有一种划分形式，也就是 1+1+1+1+…。

(2) 最大加数实际上不可能大于 n，所以当 $m>n$ 的时候，划分的个数也是 1。

(3) 当 $n=m$ 的时候，正整数的划分是有 $N_1=m$ 和 $N_1 \leqslant n-1$ 的划分组成。

(4) 当 $n>m>1$ 的时候，正整数的最大加数 N_1 不大于 m 的划分由 $N_1=m$ 的划分和 $N_1 \leqslant m-1$ 的划分组成。

4.6.2　具体实现：计算整数 6 的最大加数是 2 时的划分数量

编写示例文件 zheng.py，使用分治算法计算整数 6 的最大加数是 2 时的划分数量。文件 zheng.py 的具体实现代码如下：

```
def intDivide(n,m):
    '''
    整数划分
    :param n:待划分整数
    :param m:划分的最大值
    :return:
    '''
    if n==1 or m==1:
        return 1
    if n<m:
        returnintDivide(n,n)
    if n==m:
        returnintDivide(n,m-1)+1
    if n>m and m>1:
        return intDivide(n-m,m)+intDivide(n,m-1)
    return 0

print(intDivide(6,2))
```

执行后会输出：

```
4
```

这说明整数 6 的最大加数是 2 时的划分数量为 4，这四种情况分别是：

```
2+2+2
2+2+1+1
2+1+1+1+1;
1+1+1+1+1+1
```

第 5 章　贪心算法思想

贪心算法的核心思想是,在求解一个问题时总是做出在当前看来是最好的选择。在本章的内容中,将详细讲解贪心算法思想的基本知识,并通过具体示例详细讲解贪心算法的用法和技巧。希望读者理解并掌握贪心算法思想的用法和核心知识,为步入本书后面知识的学习打下基础。

5.1　贪心算法思想基础

在求解问题时,贪心算法并不从整体最优方面考虑问题,只是得出一个局部某种意义上的最优解。在本节的内容中,将详细讲解贪心算法的特点和基本思路。

5.1.1　贪心算法的特点和基本思路

贪心算法的核心是贪心策略的选择,必须确保选择的贪心策略具备无后效性,即某个状态以前的过程不会影响以后的状态,只是与当前的状态有关。

当使用贪心算法解决某个问题时,会从问题的某一个初始解出发逐渐逼近给定的目标解,这样可以尽快求出更好的解。当达到算法中的某一步不能再继续前进时,就停止运行并给出一个近似解。

由贪心算法的特点和解题思路可看出,贪心算法存在以下三个问题:

(1)不能保证最后的解是最优的。

(2)不能用来求最大或最小解问题。

(3)只能求满足某些约束条件的可行解的范围。

5.1.2　贪心算法的基本思路

贪心算法的基本思路是从问题的某一个初始解出发,然后按照顺序依次进行,根据某个决策确保每一步都能获得局部最优解。在每一步只考虑一个数据,这个被选取的数据应该是局部最优解的条件。如果下一个数据和局部最优解连在一起不再是可行解时,就不把该数据添加到部分解中,直到把所有数据枚举完或者不能再添加算法停止。

5.2　算法演练:解决“汽车加油”问题

一辆汽车加满油后可行驶 $n(n \leqslant 5\ 000)$ 千米,旅途中有 $k(k \leqslant 1\ 000)$ 个加油站。请用 Python 语言设计一个有效算法,指出应在哪些加油站停靠加油,使沿途加油次数最少。

5.2.1　算法分析:先加油后贪心

在汽车行驶过程中,应走到离自己初始位置最远的那个加油站去加油,在那个加油站加油后再按照同样的方法行驶。编程思路是先检测各加油站之间的距离，若发现其中有一个距离大于汽车加满油能跑的距离，则输出 no solution（无解）。否则，对加油站间的距离进行逐个扫描，尽量选择往远处走，最终统计出来的便是最少的加油站数。

5.2.2 具体实现

下面的示例文件 jiayou. py，演示了使用贪心算法解决“汽车加油”问题的过程。使用变量 *num* 表示加油次数，找到汽车满油量时可以行驶的最大路程范围内的最后一个加油站，加油后则继续用此方法前进。在整个过程中，需要检查每一段路程是否超过汽车满油量时的最大可行驶的路程。

具体实现代码如下：

```
def greedy():
    n=100
    k=5
    d=[50,80,39,60,40,32]
    #表示加油站之间的距离
    num=0
    #表示加油次数
    for i in range(k):
        if d[i]>n:
            print('no solution')
            #如果距离中得到任何一个数值大于 n 则无法计算
            return

    i,s=0,0
    #利用 s 进行迭代
    while i<=k:
        s+=d[i]
        if s>=n:
            #当局部和大于 n 时则局部和更新为当前距离
            s=d[i]
            #贪心意在令每一次加满油之后跑尽可能多的距离
            num+=1
        i+=1
    print(num)

if __name__=='__main__':
    greedy()
```

执行后会输出：

```
3
```

5.3 算法演练：求最大子元素之和

给定一个整数列表（里面的元素有负有正），请编写一个 Python 程序，能够计算其连续子元素之和的最大值。

5.3.1 算法分析:确定目前子元素的和是否最大

我们结合贪心算法的定义,关键是要确定现在的子列表元素的和到目前为止是最大。方法是与在添加了下一个元素之前的列表进行比较。一旦加到某个元素出现和为负的情况,我们就应该舍弃前面的所有元素,然后在下一个元素处重新开始求和。如果等于零,那么我们就要从这个元素开始重新求和。

5.3.2 具体实现:计算整数列表 s 的最大连续子元素之和

编写示例文件 max.py,使用贪心算法解决“求最大子元素之和”问题。首先设置了要处理的列表 s,然后遍历列表中的元素,逐个比较元素和的值是否最大。

具体实现代码如下:

```
def main():
    s=[12,-4,32,-36,12,6,-6]
    print("定义的列表为:",s)
    s_max,s_sum=0,0
    for i in range(len(s)):
        s_sum+=s[i]
        if s_sum>=s_max:
            s_max=s_sum #不断更新迭代 s_max 的值,尽可能地令其最大
        elif s_sum<0:
            s_sum=0
    print("最大子列表和为:",s_max)

if __name__=="__main__":
    main()
```

执行后会输出:

```
定义的列表为:[12,-4,32,-36,12,6,-6]
最大子列表和为:40
```

5.4 算法演练:解决“幼儿园分糖果”问题

幼儿园老师正在给孩子们分糖果,每个孩子有需求因子 g,每个糖果有大小 s,当某个糖果的大小 s 大于等于某个孩子的需求因子 g 时,代表该糖果可以满足该孩子,求使用这些糖果最多能满足多少个孩子(注意,某个孩子最多只能用 1 颗糖果满足)。

5.4.1 算法分析:优先从需求因子小的孩子进行尝试

首先考虑下面的三个问题:

(1)当某个孩子可以被多颗糖果满足时,是否需要优先用某颗糖果满足这个孩子?

(2)当某颗糖果可以满足多个孩子时,是否需要优先满足某个孩子?

(3)本示例中的贪心规律是什么?

如果某颗糖果不能满足某个孩子,则该糖果也一定不能满足需求因子更大的孩子。如果某个孩子可以用更小的糖果满足,则没必要给更大糖果,因为可以保留更大的糖果满足需求因子更大的孩子。孩子的需求因子更小则其更容易被满足,所以优先从需求因子小的孩子尝试,可以得到正确的结果(因为我们追求更多的孩子被满足,所以用一颗糖果满足需求因子较小或较大的孩子都是一样的)。

5.4.2 具体实现

编写示例文件 tangguo. py,首先将需求因子数组 g 和糖果大小数组 s 进行从小到大的排序。然后按照从小到大的顺序使用各颗糖果尝试是否可满足某个孩子,每颗糖果只尝试 1 次,只有尝试成功时,换下一个孩子尝试,直到发现没更多的孩子或者没有更多的糖果,循环结束。文件 tangguo. py 的具体实现代码如下:

```
class Solution:
    def findContentChild(self,g,s):
        #对孩子和饼干的胃口进行排序
        g=sorted(g)
        s=sorted(s)
        child=0  #初始化孩子指针
        cookie=0  #初始化饼干指针

        #遍历孩子和饼干列表,尝试满足孩子的胃口
        while child<len(g)and cookie<len(s):
            if g[child]<=s[cookie]:
                child+=1
            cookie+=1

        return child

if __name__=="__main__":
    g=[5,10,2,9,15,9]
    s=[6,1,20,3,8]
    S=Solution()
    result=S.findContentChild(g,s)
    print(result)
```

在上述代码中,设置需求因子数组 g 的值是列表[5,10,2,9,15,9],糖果大小数组 s 是列表[6,1,20,3,8]。执行后会输出 3,这说明设置的 g 和 s 最多能满足 3 个孩子。

```
3
```

5.5 算法演练:移除 k 个数字

已知一个以字符串表示的非负整数 num,将 num 中的 k 个数字移除,求移除 k 个数字后,可以获得的最小的可能的新数字(num 不会以 0 开头,num 长度小于 10002)。

例如输入：

```
num="1432219",k=3
```

在去掉 3 个数字后会得到的很多可能的数字，如 1432，4322，2219，1219……其中，去掉数字 4、3、2 后，1219 是最小值。

5.5.1 算法分析：从高位向低位遍历

一个长度为 n 的数字，去掉 k 个数字后，可以有多少种可能？显而易见，这种可能性的数量非常之多，因此用枚举法肯定是不可能的。若去掉某一位数字，为了使得到的新数字最小，需要尽可能让得到的新数字的最高位最小，其次次位最小，再次第三位最小……。例如：一个四位数“1×××”，一定比任何“9×××”小。一个四位数若最高位确定，如“51××”一定比任何“59××”、“57××”小。

贪心算法的规律是从高位向低位遍历，如果对应的数字大于下一位数字，则把该位数字去掉，使得到的数字最小。为此，针对本问题的算法设计如下：

使用栈存储最终结果或删除工作，从高位向低位遍历 num，如果遍历的数字大于栈顶元素，则将该数字 push 入栈，如果小于栈顶元素则进行 pop 弹栈，直到栈为空或不能再删除数字或栈顶小于当前元素为止。最终栈中从栈底到栈顶存储的数字即为结果。

5.5.2 具体实现

编写示例文件 yichu. py，编写函数 removeknums(self，nums，k)移除 k 个数字。其中参数 nums 是要处理的列表，按照上面介绍的算法思路从高位向低位进行遍历，根据被遍历的数字是否大于栈顶元素进行不同的操作。

具体实现代码如下：

```
#定义 Solution 类,用于解决移除 k 个数字后得到的最小数字问题
class Solution:
    def removeknums(self,nums,k):
        s=[]  #创建一个空栈用于存放数字
        nums=list(map(int,nums))  #将输入的字符串转换成整数列表
        for i in range(len(nums)):
            number=int(nums[i])
            while len(s) ! =0 and s[len(s)-1] > number and k > 0:
                s.pop(-1)  #如果栈顶元素大于当前数字且还有移除次数 k,出栈
                k-=1
            if number ! =0 or len(s) ! =0:
                s.append(number)  #如果当前数字不是 0 或栈非空,入栈
        while len(s) ! =0 and k > 0:
            s.pop(-1)  #如果还有移除次数 k,继续出栈
            k-=1
        result=""

        result=''.join(str(i) for i in s)  # 将栈中的元素拼接成字符串
```

```
        return result  # 返回结果字符串


if __name__=="__main__":
    S=Solution()
    print(S.removeknums("1432219",2))  #调用 removeknums 方法并输出结果
```

执行后会输出：

```
12219
```

5.6　算法演练：解决“霍夫曼编码”问题

霍夫曼编码是一种十分有效的编码方法，广泛用于数据压缩中，其压缩率通常在 20%～90%。霍夫曼编码不仅会考察文本中有多少个不同字符，还会考察每个字符出现的频率，根据频率的不同，选择不同长度的编码。霍夫曼编码试图用这种不等长的编码方式来进一步增加压缩的效率。如何给不同频率的字符选择不同长度的编码呢？根据贪心算法的思想，我们可以把出现频率比较多的字符，用稍微短一些的编码；出现频率比较少的字符，用稍微长一些的编码。

对于等长的编码来说，我们解压缩起来很简单。比如我们用 3 个 bit 表示一个字符。在解压缩的时候，每次从文本中读取 3 位二进制码，然后翻译成对应的字符即可。但是，霍夫曼编码是不等长的，每次应该读取 1 位、2 位、3 位来解压缩呢？这个问题就导致霍夫曼编码解压缩起来比较复杂。为了避免解压缩过程中的歧义，霍夫曼编码要求各个字符的编码之间不出现某个编码是另一个编码前缀的情况。

请编写一个 Python 程序，构建字符串“1310773597218806522025”的霍夫曼编码。

5.6.1　算法分析

将字符串构建霍夫曼树，树的节点名称为字符，节点的权重为字符出现的次数，以此来构建霍夫曼树，最终形成编码并输出结果，具体过程如图 5-1 所示。

霍夫曼编码问题的实质是用来实现一个可变长度的编码问题，因此我们可以总结成这样一个问题：假设我们有很多的叶子节点，每个节点都有一个权值 w（可以是任何有意义的数值，比如它出现的概率），我们要用这些叶子节点构造一棵树，那么每个叶子节点就有一个深度 d，我们的目标是使得所有叶子节点的权值与深度的乘积之和最小。

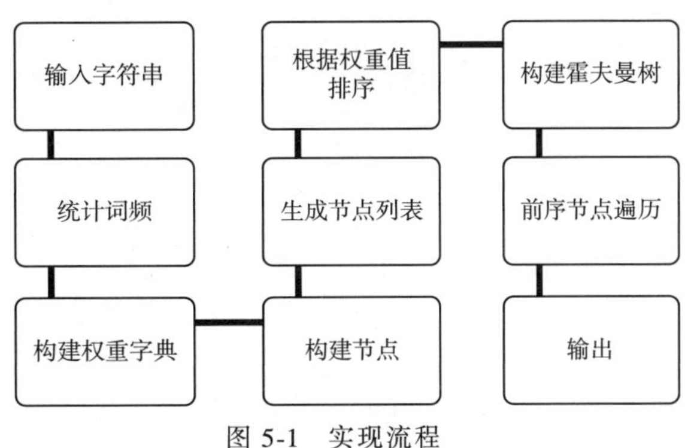

图 5-1　实现流程

大家很自然的一个想法就是，对于权值大的叶子节点，我们让它的深度小些（更加靠近根节点），权值小的让它的深度相对大些，这样的话我们自然就会想到：每次取当前权值最小的两个节点将它们组合出一个父节点，一直这样组合下去直到只有一个节点即根节点为止。如图 5-2 所示的例子。

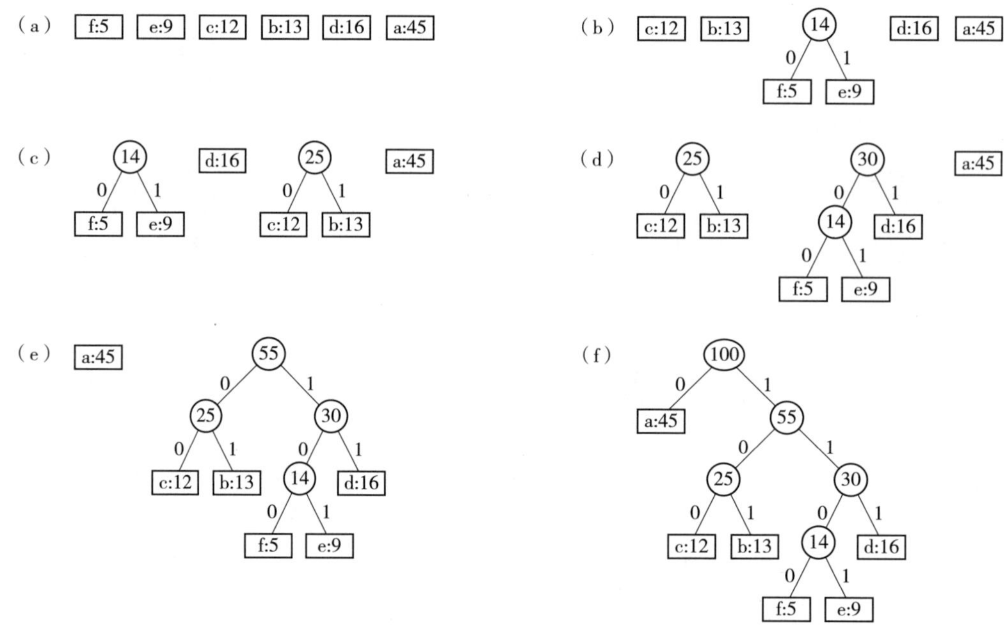

图 5-2　霍夫曼过程

5.6.2　第一种方案:权值排序

因为霍夫曼树本身的定义没有规定两棵子树的权值排序,所以两棵都是霍夫曼树。但结构化的霍夫曼算法生成的霍夫曼子树都是有序的,所以一般生成霍夫曼树时都为节点排序,即使这样结果也不唯一。编写示例文件 hafuman01.py 基于权值排序解决霍夫曼树问题,每次循环都采用 sort 的方式,相对于采用堆的数据结构来说,这样会增加时间复杂度。

具体实现代码如下:

```
from heapq import *
import numpy as np
import pandas as pd

X="13107735972188O6522025"

inp=input("请输入要构建霍夫曼树的字符串")


#统计每个自字符出现的频率并生成字典
def generate_dict(s):
    dic={}

    for i in s:
        if i not in dic:
            dic[i]=1
        else:
            dic[i]+=1
```

```
    returndic


dic=generate_dict(inp)


#节点类
class Node(object):
    def __init__(self,name=None,weight=None):
        self.name=name
        self.weight=weight
        self.parent=None
        self.left=None
        self.right=None
        self.id=None

    #自定义类的比较
    def __lt__(self,other):
        return int(self.weight) < int(other.weight)


#按权值排序
def sort(list):
    returnsorted(list,key=lambda Node:Node.weight)


#用带权值的字典生成带权值的节点列表 1
defgenerate_node(dic):
    lis=[]

    for i in dic:
        newNode=Node(i,dic[i])
        lis.append(newNode)
    returnlis

lis=generate_node(dic)


#Huffman 编码 1 每次循环下来排个序
def HuffmanTree(lis):
    while (len(lis) ! =1):
        a,b=lis[0],lis[1]

        new=Node()
        new.weight=a.weight+b.weight
        new.left,new.right=a,b
```

```
            a.parent=new
            b.parent=new

            lis.remove(a)
            lis.remove(b)
            lis.append(new)
            lis=sort(lis)
        returnlis


lis=HuffmanTree(lis)

node=lis[0]  #获取根节点


#前序遍历方法并执行一定的操作
def pre_order(root,code):
    if root is None:
        code=code[:-1]
        return

    pre_order(root.left,code+"0")

    if root.name is not None:
        print(root.name,"的权重为",root.weight,"编码为",code)

    pre_order(root.right,code+"1")


code=""
#print(res)
print("构建的霍夫曼树为:")
pre_order(node,code)
```

我们来梳理一下上面代码实现思路:

(1)导入了必要的库,包括 heapq、numpy 和 pandas。

(2)定义了一个字符串 X,并通过用户输入 inp 获取要构建霍夫曼树的字符串。

(3)定义了函数 generate_dict(),用于统计输入字符串中每个字符出现的频率,并生成一个字典。

(4)定义了一个名为 Node 的节点类,该类用于表示霍夫曼树中节点的名称、权重、父节点、左子节点、右子节点等属性。

(5)定义了函数 sort(),用于按节点的权重对节点列表进行排序。

(6)定义了函数 generate_node(),用于将带权值的字典转换为带权值的节点列表。

(7)定义了函数 HuffmanTree(),该函数用于构建霍夫曼树。在每次循环中,它选择权重最小的两个节点,合并它们成为一个新的节点,并将新节点插入节点列表中,然后重新排序,直到节点列表中只剩下一个节点，即霍夫曼树的根节点。

(8)执行 HuffmanTree()函数，得到霍夫曼树的根节点。

(9)定义了前序遍历的函数 pre_order()，用于遍历霍夫曼树，并输出每个节点的名称、权重和编码。

(10)调用函数 pre_order()，从根节点开始前序遍历霍夫曼树，输出每个节点的信息，从而构建了霍夫曼树并展示了编码。

执行后会要求输入要构建霍夫曼树的字符串，我们输入 1310773597218806522025 后会输出：

```
请输入要构建霍夫曼树的字符串 1310773597218806522025
构建的霍夫曼树为：
8 的权重为 2 编码为 000
9 的权重为 1 编码为 0010
6 的权重为 1 编码为 0011
1 的权重为 3 编码为 010
```

5.6.3　第二种方案：使用 Python 自带的内置库 heapq

库 heapq 是 Python 官方为我们提供的内置库，在处理数据结构方面有着很大的优势，无需开发者编写自定义函数，节省开发时间。因此本方案的核心思想就是使用库 heapq 将列表作为一个堆来处理。

文件 hafuman02. py 的具体实现代码如下：

```
from heapq import *

inp=input("请输入要构建霍夫曼树的字符串")


#统计每个自字符出现的频率并生成字典
def generate_dict(s):
    dic={}

    for i in s:
        if i not in dic:
            dic[i]=1
        else:
            dic[i]+=1

    return dic


dic=generate_dict(inp)


#节点类
class Node(object):
    def __init__(self,name=None,weight=None):
```

```
        self.name=name
        self.weight=weight
        self.parent=None
        self.left=None
        self.right=None
        self.id=None

    #自定义类的比较
    def __lt__(self,other):
        return int(self.weight) < int(other.weight)


#按权值排序
def sort(list):
    return sorted(list,key=lambda Node:Node.weight)


def generate_node2(dic):
    lis=[]

    fori in dic:
        newNode=Node(i,dic[i])
        heappush(lis,newNode)

    return lis


#lis=generate_node(dic)
lis=generate_node2(dic)


#Huffman 编码 2 使用堆的方式
def HuffmanTree2(lis):
    global id
    while (len(lis) ! =1):
        a=heappop(lis)
        b=heappop(lis)
        new=Node()
        new.weight=a.weight+b.weight
        new.left,new.right=a,b

        a.parent=new
        b.parent=new

        heappush(lis,new)
    returnlis
```

```
lis=HuffmanTree2(lis)

node=lis[0]  #获取根结点


#前序遍历方法并执行一定的操作
def pre_order(root,code):
    if root is None:
        code=code[:-1]
        return

    pre_order(root.left,code+"0")

    if root.name is not None:
        print(root.name,"的权重为",root.weight,"编码为",code)

    pre_order(root.right,code+"1")


code=""
#print(res)
print("构建的霍夫曼树为:")
pre_order(node,code)
```

执行后会要求输入要构建霍夫曼树的字符串,我们输入 1310773597218806522025 后会输出:

```
请输入要构建霍夫曼树的字符串 1310773597218806522025
构建的霍夫曼树为:
2 的权重为 4 编码为 00
9 的权重为 1 编码为 0100
6 的权重为 1 编码为 0101
0 的权重为 3 编码为 011
1 的权重为 3 编码为 100
5 的权重为 3 编码为 101
7 的权重为 3 编码为 110
3 的权重为 2 编码为 1110
8 的权重为 2 编码为 1111
```

5.7 算法演练:用 Kruskal 算法求最小生成树

Kruskal 算法是一种求最小生成树的算法,我们首先来了解和图相关的四个概念,如下:

(1)图:由顶点集 V 和边集 E 组成,表示为 G=(V,E);

(2)边权:边集 E 具有权重,(结合不同环境具体可以理解为两点的距离、相似度);

(3)树:任意两点都有路径相连,但是没有回路;

(4)最小生成树:边权之和最小的树,n 个顶点产生 n-1 个边。

Kruskal 算法的原理如下:

(1)将边按权重从小到大进行排序;

(2)将每个顶点独立视为根节点,产生 n 个树;

(3)依次选取每条边,如果边的两个顶点不属于同一个树,则将其合并;如果属于同一个树(意味着会形成回路),则将其舍弃,考虑下一条边,最后形成 $n-1$ 条边。

5.7.1 算法分析:顺序选取权重边

图 5-3 中的图(a)由顶点集{A,B,C,D,E,F,G}和一系列带有权重的边组成(本质上 n 个顶点两两相连可以形成 $n(n-1)/2$ 条边,图中省略部分边及边权)。将 7 个顶点视为 7 个树的根节点。首先选取权重最小的边,其顶点为 B、F,两点不属于同一棵树,故合并得到图(b)。然后选取权重为 3 的边(顶点 C、D),两点也不属于同一棵树,故合并得到图(c)。重复上述步骤,依此得到图(d)、图(e)和图(f)。当选取到权重为 6 的边(顶点为 E、F)时,发现顶点 E、F 属于一棵树,故舍弃。最后最小生成树有图(g)和图(h)两种情况。

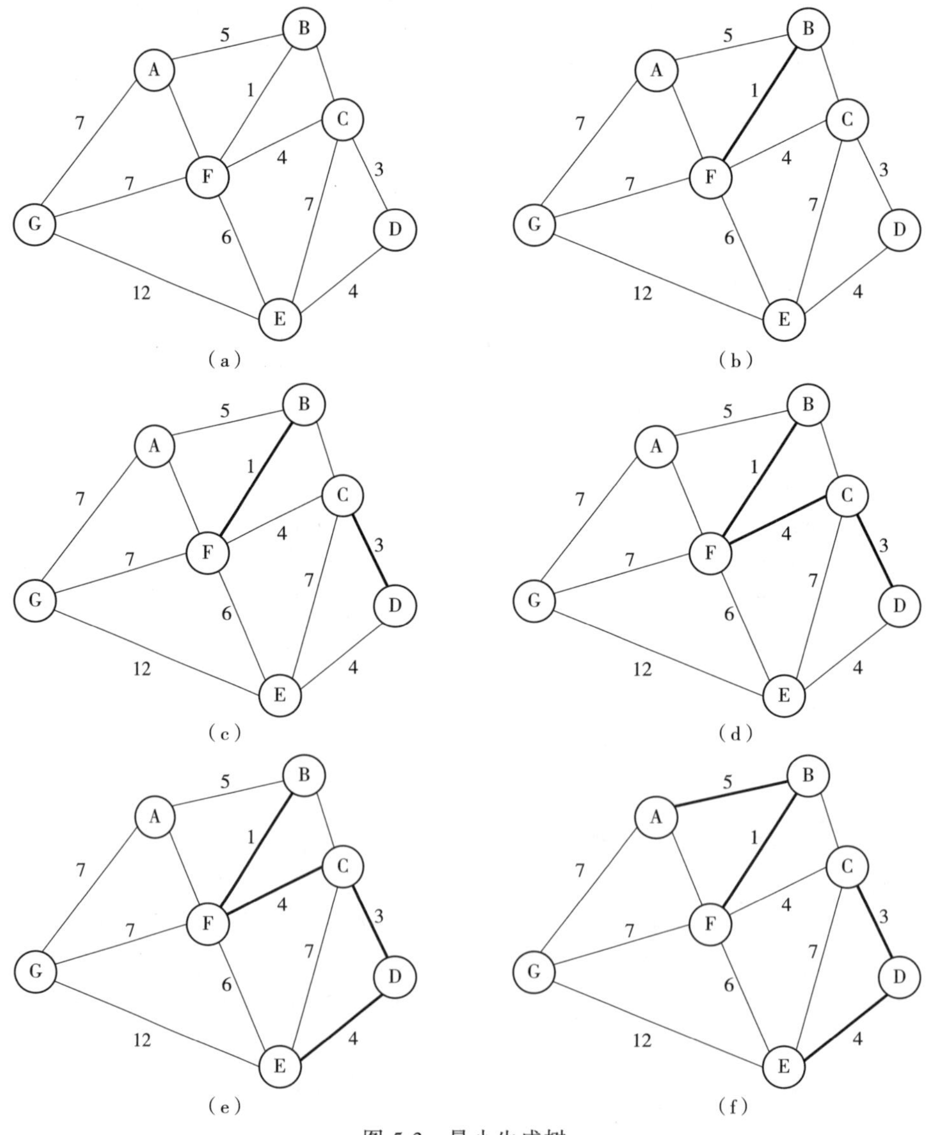

图 5-3 最小生成树

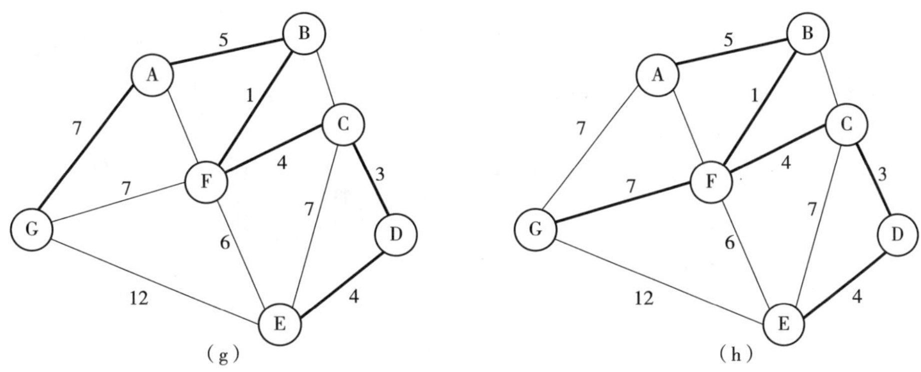

图 5-3　最小生成树(续)

5.7.2　具体实现:判断根节点是否相同

本方案使用 Kruskal 算法获取最小生成树,根据上面的算法分析思路编写函数 find_node(x)找出根节点,判断两个顶点的根节点是否相同并决定是否合并。循环添加边和顶点,最终构成多边形。文件 kr01. py 的具体实现流程如下。

(1)定义顶点,具体实现代码如下:

```
vertices=list('ABCDEFG')
```

(2)根据图 5-3,定义预先设置的边并按边权进行排序,具体实现代码如下:

```
edges=[("A","B",5),("A","G",7),
          ("B","F",1),("C","F",4),
          ("C","D",3),("C","E",7),
          ("E","F",6),("D","E",4),
          ("E","G",12),("F","G",7)]
edges.sort(key=lambda x:x[2])
print(edges)
```

(3)将每个顶点视为一棵节点树,可以用字典表示,键表示顶点,键值表示顶点所在树的节点,具体实现代码如下:

```
ori_trees=dict()
for i in vertices:
      ori_trees[i]=i
print(ori_trees)
```

(4)根据边的两个顶点的根节点是否相同考虑是否合并,具体实现代码如下:

```
#寻找根节点
def find_node(x):
     if ori_trees[x]! =x:
          ori_trees[x]=find_node(ori_trees[x])
     returnori_trees[x]
#定义最小生成树
mst=[]
#定义循环次数,n 为需要添加的边数=顶点数-1
```

```
n=len(vertices)-1
#循环
for edge in edges:
    v1,v2,_=edge
    if find_node(v1)! =find_node(v2):
        ori_trees[find_node(v2)]=find_node(v1)
        mst.append(edge)
        print('添加第'+str(7-n)+'条边后:')
        n-=1
        print(ori_trees)
        print(mst)
        if n==0:
            break
```

执行后会输出:

```
添加第 1 条边后:
{'A':'A','B':'B','C':'C','D':'D','E':'E','F':'B','G':'G'}
[('B','F',1)]
添加第 2 条边后:
{'A':'A','B':'B','C':'C','D':'C','E':'E','F':'B','G':'G'}
[('B','F',1),('C','D',3)]
添加第 3 条边后:
{'A':'A','B':'C','C':'C','D':'C','E':'E','F':'B','G':'G'}
[('B','F',1),('C','D',3),('C','F',4)]
添加第 4 条边后:
{'A':'A','B':'C','C':'C','D':'C','E':'C','F':'B','G':'G'}
[('B','F',1),('C','D',3),('C','F',4),('D','E',4)]
添加第 5 条边后:
{'A':'A','B':'C','C':'A','D':'C','E':'C','F':'B','G':'G'}
[('B','F',1),('C','D',3),('C','F',4),('D','E',4),('A','B',5)]
添加第 6 条边后:
{'A':'A','B':'A','C':'A','D':'C','E':'A','F':'A','G':'A'}
[('B','F',1),('C','D',3),('C','F',4),('D','E',4),('A','B',5),('A','G',7)]
```

5.8 算法演练:安排会议室

安排会议室是一个经典的算法问题,该问题的描述如下:

假设你是一名某公司的会议室管理员,负责管理一间会议室的使用。目前有 15 场会议需要使用该会议室,每场会议都有指定的开始时间和结束时间。你的目标是在不重叠的情况下,尽可能多地安排这些会议。

5.8.1 算法分析与实现步骤

根据贪心算法思想,我们来分析一下安排会议室问题的实现算法和思路。

(1)按结束时间排序:对会议列表 meetings 按照会议结束时间从早到晚进行排序,以确保我们首先安排最早结束的会议。

(2)初始化结果列表和当前时间:初始化一个结果列表 scheduled_meetings(用于存储最佳的会议安排)和一个变量 current_time(用于跟踪当前时间)。

(3)循环处理每个会议:对于每个会议 meeting in sorted_meetings,执行以下操作:

①获取会议的开始时间 start_time 和结束时间 end_time。

②如果会议的开始时间 start_time 晚于或等于当前时间 current_time,表示该会议不与已安排的会议时间重叠,可以安排。

③将该会议添加到结果列表 scheduled_meetings。

④更新当前时间 current_time 为该会议的结束时间 end_time。

(4)返回结果:返回结果列表 scheduled_meetings,其中包含了尽可能多的会议,而不重叠。

5.8.2 具体实现:合理安排 15 场会议

根据上面的算法分析编写示例文件 hui. py,具体实现代码如下:

```
def arrange_meetings(meetings):
    #按照会议结束时间从早到晚排序
    sorted_meetings=sorted(meetings,key=lambda x:x[1])

    #初始化结果列表和当前时间
    scheduled_meetings=[]
    current_time=0

    for meeting insorted_meetings:
        start_time,end_time=meeting
        #如果会议的开始时间晚于当前时间,安排这个会议
        if start_time >=current_time:
            scheduled_meetings.append(meeting)
            current_time=end_time

    returnscheduled_meetings


if __name__=="__main__":
    #会议以(开始时间,结束时间)的形式表示
    meetings=[(1,3),(2,4),(5,7),(6,8),(4,6),(8,9),(3,5),(9,10),
              (10,11),(12,14),(14,15),(16,17),(17,19),(19,20),(21,22)]
    scheduled_meetings=arrange_meetings(meetings)
    print("安排的会议:",scheduled_meetings)
```

上述代码包含了 15 场会议,通过贪心算法,选择会议并尽可能多地容纳它们,同时确保会议的时间不重叠。

注意:贪心算法在会议室安排问题中具有简单性和高效性等优点,但也存在全局最优性不保证和问题依赖选择策略等局限性。在实际应用中,贪心算法通常作为一种快速解决问题的方法,但需要谨慎选择问题和验证解的有效性。

第6章 回溯算法思想

回溯算法是一种通过暴力穷举的方式解决问题的算法,是深度优先搜索的一种具体应用。在本章的内容中,将详细讲解回溯算法思想的基本知识,并通过具体例子详细讲解回溯算法的用法和技巧。

6.1 回溯算法思想基础

回溯算法是一种既带有系统性又带有跳跃性的搜索算法。它在包含问题所有解的解空间树中,按照深度优先的策略,从根节点出发搜索解空间树。算法搜索至解空间树的任一节点时,总是先判断该节点是否肯定不包含问题的解。如果肯定不包含,则跳过对以该节点为根的子树的系统搜索,逐层向其父节点回溯。否则进入该子树,继续按深度优先的策略进行搜索。回溯算法在求问题的所有解时要回溯到根,且根节点的所有子树都已被搜索遍才结束。而回溯算法在求问题的任意解时,只要搜索到问题的一个解就可以结束。这种以深度优先的方式系统地搜索问题的解的算法称为回溯算法,它适用于解决一些组合数较大的问题。

回溯算法通常用最简单的递归方法来实现,在反复重复上述的步骤后可能出现两种情况:

(1)找到一个可能存在的正确解;

(2)在尝试了所有可能的分步方法后宣告该问题没有解。

6.1.1 使用回溯算法的步骤

使用回溯算法的一般步骤如下:

(1)定义一个解空间(子集树或者排列树);

(2)利用适于搜索的方法组织解空间;

(3)利用深度优先法搜索解空间;

(4)利用剪枝函数避免移动到不可能产生解的子空间。

6.1.2 影响回溯算法效率的因素

我们先来看一下回溯的三个要素:

(1)解空间:要解决问题的范围,不知道范围的搜索是不可能找到结果的。

(2)约束条件:包括隐性约束条件和显性约束条件,是搜索有解的保证。

(3)状态树:构造深度优先搜索过程的依据,整个搜索以此树展开。

了解了上面的要素;相应地,我们梳理一下影响算法效率的因素。

(1)搜索树的结构、解的分布、约束条件的判断。

(2)改进回溯算法的途径。

(3)搜索顺序。

(4)节点少的分支优先,解多的分支优先。

(5)让回溯尽量早发生。

6.2 算法演练:破解“解空间”

回溯法的基本思想是从一条路往前走,能进则进,不能进则退回来,换一条路再试。在前面曾经说过,使用回溯法解决问题的第一步是定义一个解空间,其中的解空间有子集树和排列树两种方案。请编写 Python 程序,为回溯法的解空间的两种方案设计两套模板。

6.2.1 算法分析:两种时间复杂度

我们根据子集树和排列树两种方案对破解“解空间”进行算法分析。

(1)子集树

遍历子集树的时间复杂度为 $O(2^n)$,如果解的长度是不固定的,那么解和元素顺序无关,即可以从中选择 0 个或多个。如果解的长度是固定的,那么解和元素顺序有关,即每个元素有一个对应的状态。

子集树解空间的个数是指数级别的,为 2^n,可以用子集树来表示所有的解。

(2)排列树

遍历排列树的时间复杂度为 $O(n!)$,解空间是由 n 个元素的排列形成,也就是说 n 个元素的每一个排列都是解空间中的一个元素,那么最后解空间的组织形式只能是排列树。

6.2.2 模板一:使用子集树模板

编写示例文件 jie01. py,使用子集树模板递归创建一个通用模板,各个函数的具体说明如下:

- 函数 conflict(k):参数 k 表示 uansu,用于检测是否存在冲突。在给定的问题中,始终返回 False,表示没有冲突。
- 函数 conflict2(k):也用于检测是否存在冲突,但它的冲突条件与问题相关。它检查部分解 x 中前 k 个元素是否满足特定条件。如果条件满足,返回 True 表示有冲突,否则返回 False 表示没有冲突。
- 函数 subsets(k):这是一个递归函数,用于生成问题的所有可能解。它接受一个参数 k,表示当前处理的元素下标。在每一步,它为当前元素 a[k]生成两种选择状态(选择和不选择),并通过回溯方法遍历所有可能的解。在生成解的过程中,它调用 conflict2(k)函数进行冲突检测,如果没有冲突,就将当前解 x 保存到结果集 X 中。
- 函数 get_a_subset(x):根据一个解 x 构造一个子集,其中 x 是一个包含 0 和 1 的数组,表示是否选择对应的元素。它将 x 中值为 1 对应的元素从原始集合 a 中提取出来,形成一个子集。
- 函数 get_all_subset(X):根据一组解 X 构造一组子集,它调用函数 get_a_subset(x)来为每个解生成对应的子集,然后返回所有子集组成的列表。

文件 jie01. py 的具体实现代码如下:

```
n=4
#a=['a','b','c','d']
a=[1,2,3,4]
x=[ ]  #一个解(n 元 0-1 数组)
X=[ ]  #一组解


#冲突检测:无
def conflict(k):
    global n,x,X,a

    return False  #无冲突


#一个例子
#冲突检测:奇偶性相同,且和小于 8 的子集
def conflict2(k):
    global n,x,X,a

    if k==0:
        return False

    #根据部分解,构造部分集
    s=[y[0] for y in filter(lambda s:s[1] ! =0,zip(a[:k+1],x[:k+1]))]
    if len(s)==0:
        return False
    if 0 < sum(map(lambda y:y % 2,s)) < len(s) or sum(s) >=8:  #只比较 x[k] 与 x[k-1] 奇偶是否相同
        return True

    return False  #无冲突


#子集树递归模板
def subsets(k):  #到达第 k 个元素
    global n,x,X

    if k >=n:  #超出最尾的元素
        #print(x)
        X.append(x[:])  #保存(一个解)
    else:
        for i in [1,0]:  #遍历元素 a[k] 的两种选择状态:1-选择,0-不选
            x.append(i)
            if not conflict2(k):  #剪枝
                subsets(k+1)
            x.pop()  #回溯
```

```
#根据一个解 x,构造一个子集
def get_a_subset(x):
    global a

    return [y[0] for y in filter(lambda s:s[1] ! =0,zip(a,x))]


#根据一组解 X,构造一组子集
def get_all_subset(X):
    return [get_a_subset(x) for x in X]


#测试
subsets(0)

#查看第 3 个解,及对应的子集
#print(X[2])
#print(get_a_subset(X[2]))

print(get_all_subset(X))
```

执行后会输出:

```
[[1,3],[1],[2,4],[2],[3],[4],[]]
```

6.2.3 模板二:使用排列树模板

编写示例文件 jie02. py,使用排列树模板递归创建一个通用模板,解决了列表[1,2,3,4]的全排列问题。和示例文件 jie01. py 相比,新增了函数 backkrak(k)实现排列树的递归模板,如果元素 k 超出最尾元素则在 X 中保存这个解,如果元素 k 没有超出最尾元素则回溯遍历所有的元素并进行比较。具体实现代码如下:

```
n=4
x=[1,2,3,4]  #一个解
X=[]  #一组解


#冲突检测:无
def conflict(k):
    global n,x,X

    return False  #无冲突


#一个例子,冲突检测:元素奇偶相间的排列
def conflict2(k):
    global n,x,X
```

```
    if k==0:  #第一个元素,肯定无冲突
        return False

    if x[k-1]% 2==x[k]%2:  #只比较 x[k]与 x[k-1]奇偶是否相同
        return True

    return False  #无冲突


#排列树递归模板
def backkrak(k):  #到达第 k 个位置
    global n,x,X

    if k>=n:  #超出最尾的位置
        print(x)
        #X.append(x[:])  #注意 x[:]
    else:
        for i in range(k,n):  #遍历后面第 k~n-1 的位置
            x[k],x[i]=x[i],x[k]
            if not conflict2(k):  #剪枝
                backkrak(k+1)
            x[i],x[k]=x[k],x[i]  #回溯


#测试
backkrak(0)
```

执行后会输出:

```
[1,2,3,4]
[1,4,3,2]
[2,1,4,3]
[2,3,4,1]
[3,2,1,4]
[3,4,1,2]
[4,3,2,1]
[4,1,2,3]
```

6.3 算法演练:解决"全排列"问题

从 n 个不同元素中任取 $m(m\leqslant n)$ 个元素,按照一定的顺序排列起来,当 $m=n$ 时所有的排列情况叫全排列。请编写一个 Python 程序,使用回溯算法实现 a、b、c、d 四个元素的全排列。

6.3.1 算法分析:依次排列元素

使用回溯子集树法解决此问题,一个解 x 就是 n 个元素的一种排列,显然,x 的长度是固定

的。我们可以这样考虑：对于 x，先排第 0 个元素 x[0]，再排第 1 个元素 x[1]，……，当排到第 k-1 个元素 x[k-1]时，就将剩下未排的所有元素看作元素 x[k-1]的状态空间，逐一遍历。

6.3.2 具体实现：使用子集树模板实现

编写示例文件 pailie. py，使用回溯算法实现 a、b、c、d 四个元素的全排列。其中函数 conflict(k)跟前面实例中的函数相同，也是用于实现冲突检测。编写函数 perm(k)使用子集树模板实现全排列功能，如果元素 k 超出最尾元素则在 X 中保存这个解，如果元素 k 没有超出最尾元素则回溯遍历所有的元素并进行比较。文件 pailie. py 的具体实现代码如下：

```
n=4
a=['a','b','c','d']

x=[0] * n  #一个解(n 元 0-1 数组)
X=[]  #一组解


#冲突检测:无
def conflict(k):
    global n,x,X,a

    return False  #无冲突


#用子集树模板实现全排列
def perm(k):  #到达第 k 个元素
    global n,a,x,X

    if k>=n:  #超出最尾的元素
        print(x)
        #X.append(x[:]) #保存(一个解)
    else:
        for i in set(a)-set(x[:k]):  #遍历,剩下的未排的所有元素看作元素 x[k-1]的
                                      状态空间
            x[k]=i
            if not conflict(k):  #剪枝
                perm(k+1)


#测试
perm(0)  #从 x[0]开始
```

执行后会输出：

```
['c','d','b','a']
['c','d','a','b']
['c','b','d','a']
['c','b','a','d']
['c','a','d','b']
```

```
['c','a','b','d']
['d','c','b','a']
['d','c','a','b']
['d','b','c','a']
['d','b','a','c']
['d','a','c','b']
['d','a','b','c']
['b','c','d','a']
['b','c','a','d']
['b','d','c','a']
['b','d','a','c']
['b','a','c','d']
['b','a','d','c']
['a','c','d','b']
['a','c','b','d']
['a','d','c','b']
['a','d','b','c']
['a','b','c','d']
['a','b','d','c']
```

6.4 算法演练:解决“最长公共子序列”问题

在数学应用中,某个序列的子序列是去除某些元素但不破坏余下元素的相对位置(在前或在后)而形成的新序列。假设存在列表[a,b,c,d,e],其子序列可以是[a,b,c]、[a,c,e]或[b,e],但不可以是[c,a,e]。如果求列表 A 和列表 B 的最长公共子序列,就是说该子序列既是 A 的子序列又是 B 的子序列,而且要保证最长。

(1)输入

第 1 行:字符串 A

第 2 行:字符串 B

其中 A 和 B 的长度小于等于 1000。

(2)输出

输出最长的公共子序列,如果有多个,则随意输出 1 个。

例如输入下面的内容:

```
belong
cnblogs
```

则会输出:

```
blog
```

6.4.1 算法分析:扩充状态空间

使用回溯子集树法解决此问题,以长度较小的字符串中的字符作为元素,以长度较大的字符串中的字符作为状态空间,对于每一个元素,遍历它的状态空间,其他的事情交给剪枝函数。

解 x 的长度不固定,xi 表示字符串 b 中的序号。在处理每一个元素时,如果没有一个状态被选择(cnblogs 中没一个字符被选取),那么程序无法去往下一个元素。为了解决这个问题,需要扩充状态空间,增加一个状态 q。如果元素选取了状态 q,它是合法的,但是状态 q 不加入解 x 内,如图 6-1 所示。

		状态空间							
		c	n	b	l	o	g	s	
元素	b	0	0	1	0	0	0	0	0
	e	0	0	0	0	0	0	0	2
	l	0	0	0	1	0	0	0	0
	o	0	0	0	0	1	0	0	0
	n	0	1	0	0	0	0	0	2
	g	0	0	0	0	0	1	0	0

人为增加的一种状态：表示cnblogs无一选取

图 6-1　状态空间和元素处理图

6.4.2　具体实现

编写示例文件 zuichang. py 解决最长公共子序列问题,首先通过函数 conflict(*k*)实现冲突检测,然后通过函数 LCS(*k*)计算最长公共子序列,如果在遍历时到达了列表 a 中的末尾,则这就是最长公共子序列;如果没有,那么继续使用回溯算法遍历列表中的每一个元素,并调用函数 get_lcs(x)构造最长子序列。文件 zuichang. py 的具体实现代码如下:

```
a='belong'
b='cnblogs'

x=[ ]                 #一个解(长度不固定)xi 是 b 中字符的序号
X=[ ]                 #一组解

best_x=[ ]            #最佳解
best_len=0            #最大子序列长度


#冲突检测
def conflict(k):
    global n,x,X,a,b,best_len

    #如果两个字符不相等
    if x[-1] < len(b) and a[k] ! =b[x[-1]]:
        return True

    #如果两个字符相等,但是相对于前一个在 b 中的位置靠前
    if a[k]==b[x[-1]] and (len(x) >=2 and x[-1] <=x[-2]):
        return True

    #如果部分解的长度加上后面 a 剩下的长度,小于等于 best_len
    if len(x)+(len(a)-k) <best_len:
        return True
```

```
        return False #无冲突


    #回溯法(递归版本)
    def LCS(k):#到达 a 中的第 k 个元素
        global x,X,a,b,best_len,best_x
        #print(k,x)
        if k==len(a):   #超出最尾的元素
            if len(x) > best_len:
                best_len=len(x)
                best_x=x[:]
        else:
            for i in range(len(b)+1):#遍历 状态空间:0~len(b)-1,技巧:人为增加一种状态
len(b),表示改行没有元素选取
                if i==len(b):#此状态不放入解 x 内
                    LCS(k+1)
                else:
                    x.append(i)
                    if not conflict(k):#剪枝
                        LCS(k+1)
                    x.pop()                        # 回溯


    #根据一个解 x,构造最长子序列 lcs
    def get_lcs(x):
        global b

        return ''.join([b[i] for i in x])

    #测试
    LCS(0)
    print(b)
    print(best_x)
    print(get_lcs(best_x))
```

执行后会输出:

```
cnblogs
[2,3,4,5]
blog
```

6.5 算法演练:解决"排课"问题

某乡村小学有六个年级,每个年级有一个班,共六个班。周一到周五,每天上六节课,共计 30 节课。下面是各个班开设的课程说明:

一年级:语(9)数(9)书(2)体(2)美(2)音(2)德(2)班(1)安(1);

二年级:语(9)数(9)书(2)体(2)美(2)音(2)德(2)班(1)安(1);
三年级:语(8)数(8)英(4)体(2)美(2)音(2)德(2)班(1)安(1);
四年级:语(8)数(8)英(4)体(2)美(2)音(2)德(2)班(1)安(1);
五年级:语(8)数(8)英(4)体(2)美(2)音(2)德(2)班(1)安(1);
六年级:语(8)数(8)英(4)体(2)美(2)音(2)德(2)班(1)安(1)。

安排课程的要求如下:

(1)各门课课时必须相符;

(2)周一最后一节课班会,周五最后一节课安全教育是固定的;

(3)上午只能排语文、数学、英语;

(4)全校只有两位音乐老师;

(5)三年级的数学不能排在周五上午第三节(三年级数学老师家里有事)。

6.5.1　算法分析:遍历相应的九种状态

使用回溯子集树法解决此问题,将每一个(时间,空间)点对,作为一个元素。这些元素都具有各自的[状态 1,状态 2,状态 3,状态 4,状态 5,状态 6,状态 7,状态 8,状态 9],一共有九种状态。一种状态对应一门课程。对每一个元素,遍历相应的九种状态。解的长度是固定的 30 * 6 的二维数组,本问题只需要解决存在性。也就是说,只要找到一个符合要求的解就可以了。

6.5.2　具体实现

编写示例文件 paike. py 解决排课问题,首先在列表 a 中保存六个班的开始课程,在列表 b 中存储每门课程的课时数,然后将 x 赋值为由列表 a 和 b 中一个元素组成的解。使用函数 conflict(t,s)实现冲突检测功能,保证满足上面题目中的“安排课程的要求”。最后通过函数 paike(t,s)套用子集树模板求解问题的答案,通过回溯遍历第 *s* 个班级对应的所有状态,不同的班级状态不同。具体实现代码如下:

```
m=30                #一周课时数(时间)
n=6                 #全校班级数(空间)
o=30 * 6            #元素个数,即(时,空)点对的个数

#6 个班开始的课程(状态空间)
a=[['语','数','书','体','美','音','德','班','安'],  #一年级
      ['语','数','书','体','美','音','德','班','安'],  #二年级
      ['语','数','英','体','美','音','德','班','安'],  #三年级
      ['语','数','英','体','美','音','德','班','安'],  #四年级
      ['语','数','英','体','美','音','德','班','安'],  #五年级
      ['语','数','英','体','美','音','德','班','安']]  #六年级

#课时数
b=[[9,9,2,2,2,2,2,1,1],
      [9,9,2,2,2,2,2,1,1],
      [8,8,4,2,2,2,2,1,1],
      [8,8,4,2,2,2,2,1,1],
```

```
        [8,8,4,2,2,2,2,1,1],
        [8,8,4,2,2,2,2,1,1]]

x=[[0 for _ in range(n)] for _ in range(m)]  #一个解,m* n 的二维数组

is_found=False  #结束所有递归标志!!!!!


#冲突检测
def conflict(t,s):
        '''只考虑刚刚排的 x[t][s]'''

        global m,n,o,a,b,x

        #一、各门课课时数必须相符(纵向看)
        #1. 前面已经排的课时不能超
        if [r[s] for r in x[:t+1]].count(x[t][s]) > b[s][a[s].index(x[t][s])]:  #
黑科技,不要眼花!
            return True
        #2. 后面剩的课时不能不够
        if [r[s] for r in x[:t+1]].count(x[t][s])+(m-t-1) <b[s][a[s].index(x[t][s])]:
            return True

        #二、周一最后一节课班会,周五最后一节课安全教育是固定的。
        #1. 周一最后一节课班会
        if x[t][s]=='班'and t ! =5:
            return True
        #2. 周五最后一节课安全教育
        if x[t][s]=='安'and t ! =29:
            return True

        #三、上午只能排语、数、英
        if t % 6 in [0,1,2] and x[t][s] not in ['语','数','英']:
            return True

        #四、只有两个音乐老师(横向看)
        #前面已经排的班级不能有 3 个及以上的班级同时上音乐课
        ifx[t][s]=='音'and x[t][:s+1].count('音') >=3:
            return True

        #五、三年级的数学不能排在周五上午第三节(三年级数学潘老师家里有事)
        if x[t][s]=='数'and t==5 * n+3-1:
            return True

        return False  #无冲突
```

```
#套用子集树模板
def paike(t,s):  #到达(t,s)时空点对的位置
    global m,n,o,a,b,x,is_found

    if is_found:return  #结束所有递归

    if t==m:  #超出最尾的元素
        #print(x)
        show(x)  #美化版
        is_found=True  #只需找一个
    else:
        for i in a[s]:  #遍历第 s 个班级的对应的所有状态,不同的班级状态不同
            x[t][s]=i
            if not conflict(t,s):  #剪枝
                ns=[s+1,0][s+1==n]  #行扫描方式
                nt=[t,t+1][s+1==n]
                paike(nt,ns)  #去往(nt,ns)时空点对


#可视化一个解 x
def show(x):
    import pprint

    pprint.pprint(x[:6])  #全校的周一课表
    pprint.pprint(x[6:12])  #全校的周二课表
    pprint.pprint(x[12:18])  #全校的周三课表
    pprint.pprint(x[18:24])  #全校的周四课表
    pprint.pprint(x[24:])  #全校的周五课表


#测试
paike(0,0)  #从时空点对(0,0)开始
```

6.6 算法演练:解决"最佳作业调度"问题

给定 n 个作业,每一个作业都有两项子任务需要分别在两台机器上完成。每一个作业必须先由机器 1 处理,然后由机器 2 处理。请尝试设计一个 Python 算法,能够找出完成这 n 个作业的最佳调度方案,使机器 2 完成各作业时间之和最小。

6.6.1 算法分析

使用回溯子集树法解决此问题,要想从 n 个作业中找出有最小完成时间和的作业调度方案,需要将批处理作业调度问题的解空间看作是一棵排列树。按照回溯法搜索排列树的算法框架,设开始时 $t=[1,2,...,n]$ 是所给 n 个作业的完成时间,则相应的排列树由 $t[1:n]$ 的所有排列构成。请看下表 6-1 中的例子。

表 6-1　作业调度示例

作业	机器 1	机器 2
作业 1	作业 2	作业 1
作业 2	作业 3	作业 1
作业 3	作业 2	作业 3

上述例子中,三个作业可能的调度方案分别是:

- 1,2,3;
- 1,3,2;
- 2,1,3;
- 2,3,1;
- 3,1,2;
- 3,2,1。

上述调度方案中相应的完成时间和分别是 19、18、20、21、19、19。可以非常直观地看到,最佳调度方案是 1、3、2,其完成时间和为 18,整个过程如下:

①作业 1 在机器 1 上完成的时间为 2,在机器 2 上完成的时间为 3。

②作业 3 在机器 1 上完成的时间为 4,在机器 2 上完成的时间为 7。

③作业 2 在机器 1 上完成的时间为 7,在机器 2 上完成的时间为 8。

本方案的总消耗时间是:3+7+8=18。

设置解编码$(X_1,X_2,\cdots,X_n)$,其中 X_i 表示顺序 i 执行的任务编号,一个解就是任务编号的一个排列。

解空间是$\{(X_1,X_2,\cdots,X_n)|X_i\in S,i=1,2,\cdots,n\}$,$S=\{1,2,\cdots,n\}$,解空间就是任务编号的全排列。

6.6.2　具体实现

编写示例文件 zuoye.py 解决最佳作业调度问题,使用列表 X[ ]用于存储一组空间解,best_x 用于保存相应的当前最佳作业调度完成时间。使用回溯算法搜索至叶子节点,得到一个新的作业调度方案。具体实现代码如下:

```
n=3                          #作业数
#n 个作业分别在两台机器需要的时间是:
t=[[2,1],
   [3,1],
   [2,3]]

x=[0]* n     #一个解(n 元数组,xi∈J)
X=[]         #一组解

best_x=[] #最佳解(一个调度)
best_t=0  #机器 2 最小时间和
```

```
#冲突检测
def conflict(k):
    global n,x,X,t,best_t

    #部分解内的作业编号 x[k]不能超过 1
    if  x[:k+1].count(x[k]) > 1:
        return True

    #部分解的机器 2 执行各作业完成时间之和未有超过 best_t
    #total_t=sum([sum([y[0] for y in t][:i+1])+t[i][1] for i in range(k+1)])
    j2_t=[]
    s=0
    for i in range(k+1):
        s+=t[x[i]][0]
        j2_t.append(s+t[x[i]][1])
    total_t=sum(j2_t)
    if total_t > best_t > 0:
        return True

    return False #无冲突


#最佳作业调度问题
def dispatch(k):#到达第 k 个元素
    global n,x,X,t,best_t,best_x

    if k==n:  #超出最尾的元素
        #print(x)
        #X.append(x[:]) #保存(一个解)

        #根据解 x 计算机器 2 执行各作业完成时间之和
        j2_t=[]
        s=0
        for i in range(n):
            s+=t[x[i]][0]
            j2_t.append(s+t[x[i]][1])
        total_t=sum(j2_t)
        if best_t==0 or total_t < best_t:
            best_t=total_t
            best_x=x[:]
    else:
        for i in range(n):#遍历第 k 个元素的状态空间,机器编号 0~n-1,其他的事情交给剪枝函数
            x[k]=i
            if not conflict(k):#剪枝
                dispatch(k+1)
```

```
#测试
dispatch(0)
print(best_x) #[0,2,1]
print(best_t) #18
```

对上述代码的具体说明如下：

(1) conflict(k)：用于检测是否存在冲突。它首先检查部分解 x 中的作业编号 x[k]是否已经在前面的部分解中出现过，如果已经出现过，返回 True 表示有冲突。然后，它计算机器 2 执行各作业的完成时间之和，如果这个时间之和超过了当前的最佳时间 best_t，则返回 True，表示有冲突。

(2) dispatch(k)：这是一个递归函数，用于生成问题的所有可能解。它接受一个参数 k，表示当前处理的元素下标。在每一步，它为当前元素 x[k]生成机器编号 0 到 $n-1$ 的状态空间，并通过回溯方法遍历所有可能的解。在生成解的过程中，它调用 conflict(k)函数进行冲突检测，如果没有冲突，就将当前解 x 计算机器 2 执行各作业的完成时间之和，与当前的最佳时间 best_t 进行比较，更新最佳时间和最佳解。

(3) best_x：用于存储找到的最佳解。

(4) best_t：用于存储当前最佳时间，表示机器 2 执行各作业的完成时间之和。

总的来说，上述代码用于寻找一组作业调度，使得机器 2 执行各作业的完成时间之和最小。它通过遍历状态空间，剪枝、记录最佳解和最佳时间的方式来解决问题。

执行后会输出：

```
[0,2,1]
18
```

6.7 算法演练：解决"图的遍历"问题

假设现在存在如下所示的一个图。

```
A--> B
A--> C
B--> C
B--> D
B--> E
C--> A
C--> D
D--> C
E--> F
F--> C
F--> D
```

从图中的一个节点 E 出发，不重复地经过所有其他节点后，回到出发节点 E，称为一条路径。请编写一个 Python 程序，找出所有可能的路径。

6.7.1 算法分析：将所有邻接节点看作是这个节点的状态空间

使用回溯子集树法解决此问题，解的长度是固定的，即所有的路径长度都是固定的。每个节点都有各自的邻接节点。对某个节点来说，可以将它的所有邻接节点看作是这个节点的状态空间。遍历其状态空间，分别剪枝、深度优先递归到下一个节点。

6.7.2 具体实现

编写示例文件 tu. py 解决图的遍历问题，具体流程如下：

(1)定义函数 conflict()实现冲突检测功能；

(2)定义函数 dfs(*k*)：实现图的遍历功能。如果解的长度超出节点数则打印输出解 x；如果解的长度没有超出节点数则一直遍历节点 x[*k*]的邻接节点，找出所有的答案。

具体实现代码如下：

```
#用邻接表表示图
n=6                              #节点数
a,b,c,d,e,f=range(n)             #节点名称
graph=[
    {b,c},
    {c,d,e},
    {a,d},
    {c},
    {f},
    {c,d}
]

x=[0] * (n+1)   #一个解(n+1 元数组,长度固定)
X=[]  #一组解


#冲突检测
def conflict(k):
    global n,graph,x
    #第 k 个节点,是否前面已经走过
    if k < n and x[k] in x[:k]:
        return True
    #回到出发节点
    if k==n and x[k] ! =x[0]:
        return True
    return False  #无冲突


#图的遍历
def dfs(k):  #到达(解 x 的)第 k 个节点
    global n,a,b,c,d,e,f,graph,x,X

    if k > n:  #解的长度超出,已走遍 n+1 个节点 (若不回到出发节点,则 k==n)
        print(x)
        #X.append(x[:])
    else:
```

```
            for node in graph[x[k-1]]:  #遍历节点 x[k]的邻接节点(x[k]的所有状态)
                x[k]=node
                if not conflict(k):  #剪枝
                    dfs(k+1)

#测试
x[0]=e  #出发节点
dfs(1)  #开始处理解 x 中的第 2 个节点
```

执行后会输出：

```
[4,5,3,2,0,1,4]
```

6.8 算法演练:解决“爬楼梯”问题

某楼梯有 n 层台阶,每步只能走 1 级或 2 级台阶。从下向上爬楼梯,有多少种爬法?

6.8.1 算法分析:步数之和等于总台阶数

使用回溯子集树法解决此问题,爬楼梯时迈出的每一步是一个元素,可走的步数[1,2]就是其状态空间。不难看出,元素不固定,状态空间固定。很明显,已走的所有步数之和等于楼梯总台阶数,将第 k 步这个元素的状态空间设置为[1,2],通过函数 pop()回溯处理爬法。

6.8.2 具体实现:7 层台阶的爬法

编写示例文件 louti. py 解决爬楼梯问题,通过函数 conflict(k)实现冲突检测功能,通过函数 climb_stairs(k)基于回溯算法解决爬楼梯问题,参数 k 表示走第 k 步,最后使用 X. append(x[:])保存一个解。不断递归回溯,不断保存解,最后遍历输出问题的解。具体实现代码如下：

```
n=7  #楼梯阶数
x=[]  #一个解(长度不固定,1-2 数组,表示该步走的台阶数)
X=[]  #一组解

def conflict(k):                            #冲突检测
    globaln,x,X                             #部分解步的步数之和超过总台阶数
    if sum(x[:k+1]) > n:
        return True
    return False                            #无冲突


#回溯法(递归版本)
def climb_stairs(k):                        #走第 k 步
    globaln,x,X

    if sum(x)==n:                           #已走的所有步数之和等于楼梯总台阶数
        print(x)
```

```
            #X.append(x[:])#保存(一个解)
    else:
        for i in [1,2]:#第 k 步这个元素的状态空间为[1,2]
            x.append(i)
            if not conflict(k):#剪枝
                climb_stairs(k+1)
            x.pop()#回溯
#测试
climb_stairs(0)  #走第 0 步
```

执行后会输出:

```
[1,1,1,1,1,1,1]
[1,1,1,1,1,2]
[1,1,1,1,2,1]
[1,1,1,2,1,1]
[1,1,1,2,2]
[1,1,2,1,1,1]
[1,1,2,1,2]
[1,1,2,2,1]
[1,2,1,1,1,1]
[1,2,1,1,2]
[1,2,1,2,1]
[1,2,2,1,1]
[1,2,2,2]
[2,1,1,1,1,1]
[2,1,1,1,2]
[2,1,1,2,1]
[2,1,2,1,1]
[2,1,2,2]
[2,2,1,1,1]
[2,2,1,2]
[2,2,2,1]
```

6.9　算法演练:解决“*m* 着色”问题

假设给定了一个无向连通图 G 和 m 种不同的颜色,用这 m 种颜色为图 G 中的各个顶点着色,要求每个顶点着一种颜色,是否有一种着色法使 G 中任意相邻的两个顶点着不同颜色?

6.9.1　算法分析:在每一个节点遍历所有的颜色

使用回溯子集树法解决此问题,解的长度是固定的 n。若 x 为本问题的一个解,则 x[i] 表示第 i 个节点的着色编号。将 m 种颜色看作每个节点的状态空间,每到一个节点会遍历所有颜色,然后进行剪枝和回溯操作。

6.9.2　具体实现 5 个节点和 4 种颜色的着色方案

编写示例文件 zhuose.py,首先通过函数 conflict(k)实现冲突检测功能,然后通过函数 dfs(k)求解所有解，在遍历每一个节点时，需要遍历这个节点的所有可涂颜色。文件 zhuose. py 的具体实现代码如下：

```
#用邻接表表示图
n=5  #节点数
a,b,c,d,e=range(n) #节点名称
graph=[
    {b,c,d},
    {a,c,d,e},
    {a,b,d},
    {a,b,c,e},
    {b,d}
]

m=4  #m种颜色

x=[0]* n  #一个解(n元数组,长度固定)注意:解x的下标就是a,b,c,d,e!!!
X=[]      #一组解


#冲突检测
def conflict(k):
    global n,graph,x

    #找出第k个节点前面已经涂色的邻接节点
    nodes=[node for node in range(k) if node in graph[k]]
    if x[k] in [x[node] for node in nodes]:#已经有相邻节点涂了这种颜色
        return True

    return False #无冲突


#图的m着色(全部解)
def dfs(k):#到达(解x的)第k个节点
    global n,m,graph,x,X

    if k==n:#解的长度超出
        print(x)
        #X.append(x[:])
    else:
        for color in range(m):#遍历节点k的可涂颜色编号(状态空间),全都一样
            x[k]=color
            if not conflict(k):#剪枝
                dfs(k+1)

#测试
dfs(a)   #从节点a开始
```

执行后会输出：

```
[0,1,2,3,0]
//省略后面的执行结果
```

6.10　算法演练：解决“旅行销售员”问题

我们在第 2 章中用枚举算法解决过“旅行销售员”问题。本节中我们尝试用回溯算法解决此问题。

旅行销售员问题(TSP)是销售员要到若干个城市推销产品，各城市之间的费用是已知的，为了节省费用，销售员决定从所在城市出发，到每个城市一次后返回初始城市。请看图 6-2 所示的路线图，请问他应选择什么样的路线才能使所走的总费用最短？

6.10.1　算法分析：有向图的遍历

使用回溯子集树法解决此问题，可以将此问题描述为带权的有向图 $G=(V,E)$，找到包含 V 中每个节点的一个有向环，即一条周游路线，使得这个有向环上所有边成本之和最小。本题是带权的图，解的长度是固定的 $n+1$。对于图中的每一个节点，都有自己的邻接节点。对某个节点而言，其所有的邻接节点构成这个节点的状态空间。当路径到达这个节点时，遍历其状态空间，最后一定可以找到最优解。

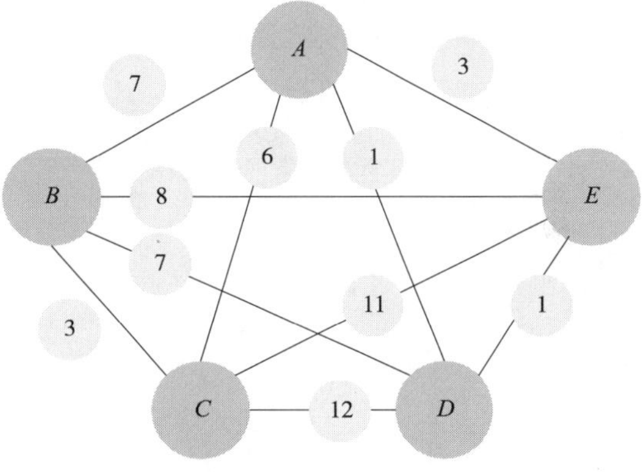

图 6-2　路线图

6.10.2　具体实现：计算 5 个城市的最少费用

编写示例文件 lvxing.py。设置节点数 n 的值是 5，如果解 k 的长度大于 n，例如已遍历 $n+1$ 个节点(没有到出发节点)则设置 $k=n$。通过 *sum* 计算总的旅行费用并赋值为 *cost*，在遍历节点的过程中计算最小费用。具体实现代码如下：

```
n=5  #节点数
a,b,c,d,e=range(n)  #节点名称
graph=[
    {b:7,c:6,d:1,e:3},
    {a:7,c:3,d:7,e:8},
    {a:6,b:3,d:12,e:11},
    {a:1,b:7,c:12,e:2},
    {a:3,b:8,c:11,d:2}
]

x=[0] * (n+1)  #一个解(n+1 元数组,长度固定)
X=[]  #一组解
```

```
best_x=[0] * (n+1)  #已找到的最佳解(路径)
min_cost=0  #最小旅费


#冲突检测
def conflict(k):
    global n,graph,x,best_x,min_cost

    #第 k 个节点,是否前面已经走过
    if k < n and x[k] in x[:k]:
        return True

    #回到出发节点
    if k==n and x[k] ! =x[0]:
        return True

    #前面部分解的旅费之和超出已经找到的最小总旅费
    cost=sum([graph[node1][node2] for node1,node2 in zip(x[:k],x[1:k+1])])
    if 0 < min_cost < cost:
        return True

    return False  #无冲突


#旅行商问题(TSP)
def tsp(k):  #到达(解 x 的)第 k 个节点
    global n,a,b,c,d,e,graph,x,X,min_cost,best_x

    if k > n:  #解的长度超出,已走遍 n+1 个节点 (若不回到出发节点,则 k==n)
        cost=sum([graph[node1][node2] for node1,node2 in zip(x[:-1],x[1:])])
#计算总旅费
        if min_cost==0 or cost <min_cost:
            best_x=x[:]
            min_cost=cost
            #print(x)
    else:
        for node in graph[x[k-1]]:  #遍历节点 x[k-1]的邻接节点(状态空间)
            x[k]=node
            if not conflict(k):  #剪枝
                tsp(k+1)


#测试
x[0]=c  #出发节点:路径 x 的第一个节点(随便哪个)
tsp(1)  #开始处理解 x 中的第 2 个节点
print(best_x)
print(min_cost)
```

上述代码的实现流程如下：

(1)定义了一个含有五个节点的图,其中每个节点之间有对应的路径和旅费。节点的名称用 a、b、c、d、e 表示。初始解是一个长度为 $n+1$(其中,$n=5$)的数组 x,用于存储路径,以及一个存储所有解的 X。

(2)定义了 conflict(k)函数,用于检测冲突。这个函数主要检查是否出现已经走过的节点不能再走、回到出发节点、前面部分解的旅费之和超过已经找到的最小总旅费等情况。如果有冲突,返回 True。

(3)定义了 tsp(k)函数,用于处理解 x 的第 k 个节点。在这个函数中,使用回溯算法遍历状态空间,找到所有可能的解。如果当前解的长度超出,表示已经走遍 $n+1$ 个节点,计算总旅费,并检查是否是最小值。如果是,更新最佳解和最少旅费。然后,继续遍历状态空间,直到找到所有解。

(4)设置出发节点,调用 tsp(1)开始搜索路径,得到最佳解 best_x 和最小旅费 min_cost。

执行后会输出：

```
[2,0,3,4,1,2]
20
```

6.11 算法演练:解决“八皇后”问题

“八皇后”问题是一个古老而著名的问题,是回溯算法的典型例题。该问题的描述为:在 8×8 格的国际象棋盘上摆放八个皇后,如图 6-3 所示。要求八个皇后不能互相攻击,即任意两个皇后都不能处于同一行、同一列或同一斜线上,问有多少种摆法。

6.11.1 算法分析:将每行的可行位置入栈

对于每一行,尝试将皇后放置在该行的每一列上,并检查是否满足皇后不互相攻击的条件。如果满足则继续向下一行尝试;如果不满足则回溯到上一行重新选择列。直到所有的行都放置了皇后,即得到一个解,然后继续尝试下一个解。

换为算法表述,将每一行的可行位置入栈,例如用一个数组 a[5]表示,这里用的是 a[1]~a[4]。如果当前位置不行,就退栈换列重试,直到找到一套方案输出。然后再从第一行换列重试其他方案,直到找到所有的解。

图 6-3　“八皇后”问题

6.11.2 具体实现:套用子集树模板

在下面的示例文件 bahuang. py 中,演示了使用回溯算法解决“八皇后”问题的过程。为了简化问题,考虑到八个皇后不同行,则每一行放置一个皇后,每一行的皇后可以放置于第 0、1、2、…7 列,我们认为每一行的皇后有八种状态。那么,我们只要套用子集树模

板,从第 0 行开始,自上而下,对每一行的皇后,遍历它的八个状态即可。具体实现代码如下:

```
n=8
x=[]  #一个解(n 元数组)
X=[]  #一组解

#冲突检测:判断 x[k] 是否与前 x[0~k-1] 冲突
def conflict(k):
    global x

    for i in range(k):  #遍历前 x[0~k-1]
        if x[i]==x[k] or abs(x[i]-x[k])==abs(i-k):  #判断是否与 x[k] 冲突
            return True
    return False


#套用子集树模板
def queens(k):  #到达第 k 行
    global n,x,X

    if k>=n:  #超出最底行
        #print(x)
        X.append(x[:])  #保存(一个解),注意 x[:]
    else:
        for i in range(n):  #遍历第 0~n-1 列(即 n 个状态)
            x.append(i)  #皇后置于第 i 列,入栈
            if not conflict(k):  #剪枝
                queens(k+1)
            x.pop()  #回溯,出栈


#解的可视化(根据一个解 x,复原棋盘。'X'表示皇后)
def show(x):
    global n

    for i in range(n):
        print('.'* (x[i])+'X'+'.'* (n-x[i]-1))


#测试
queens(0)  #从第 0 行开始

print(X[-1],'\n')
show(X[-1])
```

执行后会输出:

```
[7,3,0,2,5,1,6,4]

.......X
...X....
X.......
..X.....
.....X..
.X......
......X.
....X...
```

6.12　算法演练:解决“迷宫”问题

迷宫问题是一个十分经典的算法问题,描述如下:

给定一个迷宫,入口已知。问是否有路径从入口能到出口,若有则输出此路径。注意移动可以从上、下、左、右、上左、上右、下左、下右八个方向进行。迷宫输入 0 表示可走,输入 1 表示墙。为方便起见,用竖线将迷宫围起来避免边界问题。

6.12.1　算法分析:套用回溯法的子集树模板

考虑到左、右是相对的,因此修改为:北、东北、东、东南、南、西南、西、西北八个方向,如图 6-4 所示。在任意一格内,有八个方向可以选择,即八种状态可选。因此从入口格子开始,每进入一格都要遍历这八种状态。显然,可以套用回溯法的子集树模板。解的长度是不固定的。

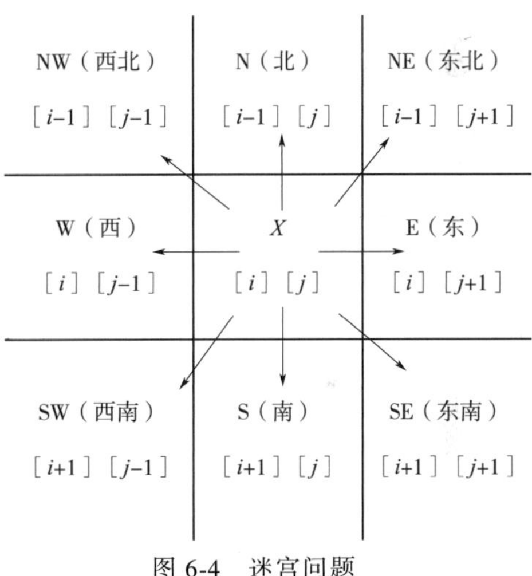

图 6-4　迷宫问题

6.12.2　具体实现

下面的示例文件 mi. py 是使用回溯法解决迷宫问题。设置一个大小是八行十列的迷宫,在 directions 保存可移动的八个方向,通过函数 walk(x,y)移动位置,在每个位置遍历八个方向(即八个状态),验证是否可行并保存起来。具体实现代码如下:

```
#迷宫(1 是墙,0 是通路)
maze=[[1,1,1,1,1,1,1,1,1,1],
      [0,0,1,0,1,1,1,1,0,1],
      [1,1,0,1,0,1,1,0,1,1],
      [1,0,1,1,1,0,0,1,1,1],
      [1,1,1,0,0,1,1,0,1,1],
      [1,1,0,1,1,1,1,1,0,1],
      [1,0,1,0,0,1,1,1,1,0],
      [1,1,1,1,1,0,1,1,1,1]]
```

```
m,n=8,10  #8 行,10 列
entry=(1,0)  #迷宫入口
path=[entry]  #一个解(路径)
paths=[]  #一组解

#移动的方向(顺时针 8 个:N,EN,E,ES,S,WS,W,WN)
directions=[(-1,0),(-1,1),(0,1),(1,1),(1,0),(1,-1),(0,-1),(-1,-1)]


#冲突检测
def conflict(nx,ny):
    global m,n,maze

    #是否在迷宫中,以及是否可通行
    if 0 <=nx < m and 0 <=ny < n and maze[nx][ny]==0:
        return False

    return True


#套用子集树模板
def walk(x,y):  #到达(x,y)格子
    global entry,m,n,maze,path,paths,directions

    if (x,y) ! =entry and (x % (m-1)==0 or y % (n-1)==0):  #出口
        # print(path)
        paths.append(path[:])  #直接保存,未做最优化
    else:
        for d in directions:  #遍历 8 个方向(亦即 8 个状态)
            nx,ny=x+d[0],y+d[1]
            path.append((nx,ny))  #保存,新坐标入栈
            if not conflict(nx,ny):  #剪枝
                maze[nx][ny]=2  #标记,已访问(奇怪,此两句只能放在 if 区块内!)
                walk(nx,ny)
                maze[nx][ny]=0  #回溯,恢复
            path.pop()  #回溯,出栈


# 解的可视化(根据一个解 x,复原迷宫路径,'2'表示通路)
def show(path):
    global maze

    import pprint,copy

    maze2=copy.deepcopy(maze)

    for p in path:
```

```
            maze2[p[0]][p[1]]=2  #通路

        pprint.pprint(maze)  #原迷宫
        print()
        pprint.pprint(maze2)  #带通路的迷宫


#测试
walk(1,0)
print(paths[-1],'\n')  #看看最后一条路径
show(paths[-1])
```

执行后会输出：

```
[(1,0),(1,1),(2,2),(1,3),(2,4),(3,5),(4,4),(4,3),(5,2),(6,3),(6,4),(7,5)]

[[1,1,1,1,1,1,1,1,1,1],
 [0,0,1,0,1,1,1,1,0,1],
 [1,1,0,1,0,1,1,0,1,1],
 [1,0,1,1,1,0,0,1,1,1],
 [1,1,1,0,0,1,1,0,1,1],
 [1,1,0,1,1,1,1,1,0,1],
 [1,0,1,0,0,1,1,1,1,0],
 [1,1,1,1,1,0,1,1,1,1]]

[[1,1,1,1,1,1,1,1,1,1],
 [2,2,1,2,1,1,1,1,0,1],
 [1,1,2,1,2,1,1,0,1,1],
 [1,0,1,1,1,2,0,1,1,1],
 [1,1,1,2,2,1,1,0,1,1],
 [1,1,2,1,1,1,1,1,0,1],
 [1,0,1,2,2,1,1,1,1,0],
 [1,1,1,1,1,2,1,1,1,1]]
```

6.13 算法演练：为外卖小哥规划最佳送餐路径

现在，一位济南市的外卖小哥有多个送餐目的地。请帮助外卖小哥规划一条最佳的送餐路径，让送餐的总距离最短。餐馆位于给定坐标(117.000923,36.676831)处，而送餐目的地如下：

顾客 1：坐标 (117.014231,36.673009)；

顾客 2：坐标 (117.009558,36.671356)；

顾客 3：坐标 (117.015780,36.677439)；

顾客 4：坐标 (117.005456,36.675821)；

顾客 5：坐标 (117.008430,36.670802)。

请根据这些坐标，找出最佳的送餐路径和最短送餐距离。送餐路径需要从餐馆开始，途

经所有顾客,最后回到餐馆。具体要求如下:

(1)使用上面提供的 Python 代码框架,并在其中定义送餐目的地的坐标。

(2)计算送餐路径的总距离,保留三位小数。

(3)给出最佳送餐路径的顺序和最短送餐距离。

6.13.1 算法分析:当前路径长度的循环比较

回溯算法是一种解决组合优化问题的方法,通过尝试不同的组合来寻找最优解。对于外卖送餐路径规划问题,回溯算法的实现步骤如下:

(1)生成可能的送餐路径:将顾客的送餐地址排列成一个序列,以确定送餐的顺序,这个序列会包括所有顾客和餐馆(起点和终点)。

(2)计算路径长度:计算生成的送餐路径的总长度。即从餐馆出发,经过所有顾客的地址,然后回到餐馆的距离。

(3)比较路径长度:将当前计算的路径长度与之前找到的最短路径长度进行比较。

(4)更新最优解:如果当前路径长度比之前的最短路径长度更短,那么更新最短路径长度和路径顺序;否则,继续尝试下一个可能的送餐路径。

(5)循环:重复以上步骤,直到尝试完所有可能的路径。

6.13.2 具体实现

根据上面的算法分析编写程序文件 wai.py,具体实现代码如下:

```
import itertools

#定义济南市内的送餐目的地及其坐标
delivery_locations={
    '餐馆':(117.000923,36.676831),      #餐馆坐标
    '顾客 1':(117.014231,36.673009),    #顾客 1 坐标
    '顾客 2':(117.009558,36.671356),    #顾客 2 坐标
    '顾客 3':(117.015780,36.677439),    #顾客 3 坐标
    '顾客 4':(117.005456,36.675821),    #顾客 4 坐标
    '顾客 5':(117.008430,36.670802),    #顾客 5 坐标
}

#计算两点之间的距离
def distance(location1,location2):
    x1,y1=location1
    x2,y2=location2
    return ((x1-x2) * * 2+(y1-y2) * * 2) * * 0.5

#计算路径总距离
def total_distance(path):
    total=0
    for i in range(len(path)-1):
        total+=distance(delivery_locations[path[i]],delivery_locations
[path[i+1]])
```

```
    return total

#试探算法:全排列搜索
delivery_destinations=list(delivery_locations.keys())
delivery_destinations.remove('餐馆')  #去掉餐馆作为起点

min_distance=float('inf')
best_delivery_order=[]

for delivery_order in itertools.permutations(delivery_destinations):
    delivery_order=('餐馆',)+delivery_order+('餐馆',)  #以餐馆为起点和终点
    path_distance=total_distance(delivery_order)
    if path_distance < min_distance:
        min_distance=path_distance
        best_delivery_order=delivery_order

print("最佳送餐路径顺序:",best_delivery_order)
print("最短送餐距离:",min_distance)
```

对上述代码的具体说明如下:

(1)数据初始化:首先定义了送餐目的地的坐标,包括餐馆和不同的顾客地址。这些坐标信息被存储在一个字典 delivery_locations 中,使其易于访问。

(2)计算距离函数:定义了一个 distance()函数,用于计算两个坐标之间的距离。

(3)计算路径总距离函数:定义了 total_distance()函数,用于计算送餐路径的总距离。它接受一个路径(包括坐标点的顺序)并返回路径的总长度,通过累计每个相邻坐标点之间的距离来实现。

(4)回溯算法:使用回溯算法来寻找最佳的送餐路径。首先,获取送餐目的地的名称并从中去除起点“餐馆”。然后,初始化一个初始距离为正无穷大的 min_distance 变量,以及一个空的 best_delivery_order 列表。

(5)全排列搜索:使用 itertools. permutations 来生成送餐目的地的全排列,以尝试所有可能的送餐路径。将“餐馆”作为起点和终点添加到路径中。对于每个生成的路径,计算其总距离,并如果比当前的 min_distance 更小,就更新 min_distance 和 best_delivery_order。

(6)最佳路径输出:一旦遍历完所有可能的路径,我们得到了最佳的送餐路径和最短送餐距离。最佳送餐路径是一个包括“餐馆”、顾客点以及再次回到“餐馆”的坐标顺序。最短送餐距离是这条路径的实际长度。

(7)结果输出:将最佳送餐路径顺序和最短送餐距离输出到屏幕上,以提供外卖小哥最佳的送餐路径规划。

执行后会输出:

```
最佳送餐路径顺序:('餐馆','顾客 5','顾客 2','顾客 1','顾客 3','顾客 4','餐馆')
最短送餐距离:0.035628915795727224
```

第 7 章　迭代算法思想

迭代算法能够利用计算机运算速度快、适合做重复性操作的特点,让计算机对一组指令(或一定步骤)进行重复执行,在每次执行这组指令(步骤)时,都从变量的原值推出它的一个新值。在本章的内容中,将详细讲解迭代算法思想的基本知识,并通过具体例子详细讲解迭代算法的用法和技巧。

7.1　迭代算法思想基础

迭代法也称辗转法,是一种不断用变量的旧值递推新值的过程。根据算法的精确程度,又可以将迭代算法分为精确迭代和近似迭代两种;实践中常用的“二分法”和“牛顿迭代法”属于近似迭代。

7.1.1　迭代算法思想介绍

迭代算法思想的核心是重复执行一系列运算步骤,从前面的量依次求出后面的量的过程。在使用迭代算法解决问题时,需要做好以下三个方面的工作。

(1)确定迭代变量

在使用迭代算法解决某个问题时,在这个问题中至少存在一个迭代变量,可以直接或间接地不断由旧值递推出新值的变量。

(2)建立迭代关系表达式

成功建立迭代关系表达式是解决迭代问题的关键,迭代关系表达式的含义是描述如何从变量的前一个值推出下一个值的公式或关系。在现实应用中,通常使用递推或倒推等方法建立迭代关系表达式。

(3)控制迭代过程

在编写迭代算法程序时需要确定在什么时候结束迭代过程,不能让迭代过程无休止地重复执行下去。通常可分为如下两种情况来控制迭代过程:

①所需的迭代次数是确定值,可以计算出来,构建一个固定次数的循环来实现对迭代过程的控制。

②所需的迭代次数无法确定,需要进一步分析出用来结束迭代过程的条件。

7.1.2　迭代法和方程定义

迭代是数值分析中通过从一个初始估计出发寻找一系列近似解来解决问题(一般是解方程或者方程组)的过程,为实现这一过程所使用的方法统称为迭代法(Iterative Method)。

对于给定的线性方程组:

$$x = Bx + f$$

这里的 x、B、f 同为矩阵,任意线性方程组都可以变换成此形式,用如下公式逐步带入求近似解的方法称为迭代法(或称一阶定常迭代法)。

$$x_{k+1}=Bx_k+f$$

其中 x_k 代表迭代 k 次得到的 x,初始时 $k=0$。如果 $\lim_{k\to\infty} x_k$ 存在,则记为 x^*,称此迭代法收敛。显然 x^* 就是此方程组的解,否则称为迭代法发散。

最常见的迭代法是牛顿法,其他还包括最速下降法、共轭迭代法、变尺度迭代法、最小二乘法、线性规划、非线性规划、单纯型法、惩罚函数法、斜率投影法、遗传算法、模拟退火等。

注意:递归算法与迭代算法有如下区别:

递归算法是自顶向下逐步拓展需求,最后自下向顶运算,即由 $f(n)$ 拓展到 $f(1)$,再由 $f(1)$ 逐步算回 $f(n)$。迭代算法是直接自下向顶运算,由 $f(1)$ 算到 $f(n)$。递归算法是在函数内调用本身,迭代算法是循环求值。

虽然递归算法的效率低一点,但是随着现在计算机性能的提升,且递归算法便于理解,可读性强,所以建议对其他算法不熟悉的初学者使用递归算法来解决问题。

7.2　算法演练:解决“斐波那契数列”问题

第 2 章中,我们用递归算法解决过斐波那契数列的问题,在下面的实例文件 fib. py 中,演示了使用迭代算法解决“斐波那契数列”问题的过程。

7.2.1　算法分析:循环计算斐波那契数列的第 *n* 项

首先会检查输入参数 n 是否小于 1,如果是,打印错误信息并返回-1,表示输入有误。如果输入参数 n 合法,使用一个 while 循环来计算斐波那契数列的第 n 项。循环的条件是 $(n-2)>0$,因为前两项已经初始化为 1,所以需要计算 $n-2$ 次才能得到第 n 项的值。在循环内部,计算第 n 项的值,即 $n_3=n_2+n_1$,然后更新 n_1 和 n_2 的值,使它们分别等于之前的 n_2 和 n_3,这便模拟了斐波那契数列中的递推关系。

7.2.2　具体实现:计算 12 个月后的兔子数量

根据上面的算法分析,具体实现代码如下:

```
def fab(n):
    n1=1
    n2=1
    n3=1
    if n<1:
        print('对不起,输入有误!')
        return-1
    else:
        while(n-2)>0:
            n3=n2+n1
```

```
            n1=n2
            n2=n3
            n-=1
    return n3
month=int(input('请输入月数:'))
result=fab(month)
print("%d 个月后的兔子数量为 %d"%(month,result))
```

执行后会要求输入一个月数,例如输入 12 后会计算 12 个月后的兔子数量:

```
请输入月数:12
12 个月后的兔子数量为 144
```

7.3 算法演练:解决“角谷猜想”问题

角谷猜想是一个很有意思的数字问题,其描述如下:

任意给定一个自然数,若它为偶数则除以 2,若它为奇数则乘 3 加 1,得到一个新的自然数。按照这样的计算方法计算下去,若干次后得到的结果必然为 1。

请编写一个 Python 程序,输入任意一个正整数,输出显示角谷猜想的演算过程。

7.3.1 算法分析:两种迭代关系式

定义迭代变量为 n,按照角谷猜想的内容,可以得到两种迭代关系式:

- 当 n 为偶数时,$n=n/2$;
- 当 n 为奇数时,$n=n*3+1$。

7.3.2 具体实现

编写示例文件 jiaogu. py,首先接受输入的正整数 n,并计算一个数列,该数列的每个元素根据上面讲的迭代关系式生成。计算一直进行,直到元素变为 1。在计算过程中,会输出每一步的计算结果。具体实现代码如下:

```
n=int(input("请输入一个正整数:"))

while n! =1:
    if n % 2==0:
        k=n / 2
        print("%d/2=%d" % (n,k))
        n=k
    else:
        l=n * 3+1
        print("%d* 3+1=%d" % (n,l))
        n=l
```

执行后可以输入一个正整数,按下回车键后会输出显示该数字角谷猜想的演算过程。例如输入数字 6 后会输出:

```
请输入一个正整数:6
6/2=3
3* 3+1=10
10/2=5
5* 3+1=16
16/2=8
8/2=4
4/2=2
2/2=1
```

7.4　算法演练:使用牛顿迭代法计算方程的根

牛顿迭代法是牛顿在 17 世纪提出的一种在实数域和复数域上近似求解方程的方法。因为大多数方程不存在求根公式,所以求精确根非常困难,甚至不可能,这样寻找方程的近似根就显得特别重要。因此牛顿迭代法在工程实践中应用很广泛。

请编写一个 Python 程序,使用牛顿迭代法计算方程 $x^7-2x+1=0$ 的根。

7.4.1　算法分析:使用牛顿迭代公式

在数学领域中,牛顿迭代法是求方程根的重要方法之一,其最大优点是在方程 $f(x)=0$ 的单根附近具有平方收敛,而且该方法还可以用来求方程的重根、复根。

假设 r 是 $f(x)=0$ 的根,选取 x_0 作为 r 初始近似值,经过点$(x_0,f(x_0))$做一条曲线 $y=f(x)$ 的切线 L,L 的方程为 $y=f(x_0)+f'(x_0)(x-x_0)$,求出 L 与 x 轴交点的横坐标 $x_1=x_0-f(x_0)/f'(x_0)$,称 x_1 为 r 的一次近似值。过点$(x_1,f(x_1))$做曲线 $y=f(x)$的切线,并求该切线与 x 轴交点的横坐标 $x_2=x_1-f(x_1)/f'(x_1)$,称 x_2 为 r 的二次近似值。重复以上过程,得 r 的近似值序列,其中 $x(n+1)=x(n)-f(x(n))/f'(x(n))$,称为 r 的 $n+1$ 次近似值,上式称为牛顿迭代公式。

牛顿迭代法通过线性直线逼近曲线,逐步迭代求出方程 $f(x)=0$ 的根。

7.4.2　具体实现:计算一个方程式的根

牛顿迭代思想是借助对函数 $f(x)=0$ 做泰勒展开而构造的一种迭代格式,将 $f(x)=0$ 在初始值 x_0 进行泰勒展开后为:

$$f(x)=f(x_0)+f'(x_0)(x-x_0)+\frac{f''(x_0)}{2!}(x-x_0)^2+\cdots$$

当 h 趋近于 0 时,在$[x,x+h]$区间内用直线表示曲线,所以去展开式的线性部分做 $f(x)\approx 0$ 的近似值:

$$f(x_0)+f'(x_0)(x-x_0)\approx 0$$

也就是:

$$x=x_0-\frac{f(x_k)}{f'(x_k)}$$

这样我们可以根据上述公式编写示例文件 niudun. py,具体实现代码如下:

```
def derivative(coe:list)->list:
    #计算多项式的导数
    i=len(coe)
    j=1
    newcoe=[]
    while j < i:
        newcoe.append(coe[j] * j)  #计算导数项的系数
        j=j+1
    return newcoe

def bond(coe:list,s:float)->float:
    #计算多项式的值
    i=len(coe)
    bon=0
    while i > 0:
        bon=bon+coe[i-1] * s * * (i-1)  #使用多项式的每一项计算总和
        i=i-1
    return bon

def newton(x:int,coe:list)->int:
    s=x
    i=len(coe)
    d=bond(coe,s)  #计算初始值
    while d > 0.000000000000000000000000000000000011:
        #使用牛顿法逼近多项式的根
        derivate_list=derivative(coe)
        s=s-(bond(coe,s) / bond(derivate_list,s))  #更新 s 值
        d=bond(coe,s)  #重新计算多项式值

    return s

#输入要求,输入初始的 X0 和系数列表,例如 X^7-2X+1 可输入:newton(2,nums) 其中 nums=
[1,-2,1]
nums=[1,-2,1]
print(newton(2,nums))  #打印计算的根值
```

执行后会计算方程 $x^7-2x+1=0$ 的根的结果:

```
1.0000000074505806
```

7.5 算法演练:使用牛顿迭代法求平方根

编写一个 Python 程序,使用牛顿迭代法求一个数的平方根,要求可以精确到小数点后无限多位。

7.5.1 算法分析:迭代猜测

我们的思路是先猜测一个值,再求商,然后用猜测值和商的中间值代替猜测值,扩大倍

数,继续进行。现在取一个猜测值 a,如果猜测值合理,那么就有 $a^2=x$,即 $x/a=a$,x 为被开方数。若猜测值不合理就用表中的猜测值和商的平均值来换掉猜测值,比如 a 大于真实值,那么 x/a 小于真实值,这时候取 a 与 x/a 的平均值来代替 a,那么新的 a 就会比原来的 a 更接近真实值。同理有 a 小于真实值的情况。于是,这样不断迭代下去,最终是一个 a 不断收敛到真实值的过程。于是不断迭代就能得到真实值,证明了迭代法是正确的。

7.5.2　具体实现

编写示例文件 niudun03.py,通过函数 check_precision()检查猜测的值是否达到了精确位,然后编写函数 binary_sqrt(x,p)利用二分法每次乘以 10,取中间值,比较大小,从而定位精确值的范围,将根扩大 10 倍,则被开方数扩大 100 倍。具体实现代码如下:

```
import math
from math import sqrt


def check_precision(l,h,p,len1):  #检查是否达到了精确位
    l=str(l);
    h=str(h)
    if len(l) <=len1+p or len(h) <=len1+p:
        return False
    for i in range(len1,p+len1):  #检查小数点后面的 p 个数是否相等
        if l[i] ! =h[i]:  #当 l 和 h 某一位不相等时,说明没有达到精确位
            return False
    return True


def print_result(x,len1,p):
    x=str(x)
    if len(x)-len1 <p:  #没有达到要求的精度就已经找出根
        s=x[:len1]+"."+x[len1:]+'0'* (p-len(x)+len1)
    else:
        s=x[:len1]+"."+x[len1:len1+p]
    print(s)


def binary_sqrt(x,p):
    x0=int(sqrt(x))
    if x0 * x0==x:  #完全平方数直接开方,不用继续进行
        print_result(x0,len(str(x0)),p)
        return
    len1=len(str(x0))  #找出整数部分的长度
    l=0;
    h=x
    while (not check_precision(l,h,p,len1)):  #没有达到精确位,继续循环
        if not l==0:  #第一次 l=0,h=x 时不用乘以 10,直接取中间值
            h=h * 10  #l,h 每次扩大 10 倍
```

```
            l=l * 10
            x=x * 100   #x 每次要扩大 100 倍,因为平方
        m=(l+h) // 2
        if m * m==x:
            return print_result(m,len1,p)
        elif m * m > x:
            h=m
        else:
            l=m
    return print_result(l,len1,p)   #当达到了要求的精度,直接返回 l


#牛顿迭代法求平方根
def newton_sqrt(x,p):
    x0=int(sqrt(x))
    if x0 * x0==x:   #完全平方数直接开方,不用继续进行
        print_result(x0,len(str(x0)),p)
        return
    len1=len(str(x0))   #找出整数部分的长度
    g=1;
    q=x // g;
    g=(g+q) // 2
    while (not check_precision(g,q,p,len1)):
        x=x * 100
        g=g * 10
        q=x // g   #求商
        g=(g+q) // 2   #更新猜测值为猜测值和商的中间值
    return print_result(g,len1,p)


while True:
    x=int(input("请输入待开方数:"))
    p=int(input("请输入精度:"))
    print("binary_sqrt:",end="")
    binary_sqrt(x,p)
    print("newton_sqrt:",end="")
    newton_sqrt(x,p)
```

执行后会要求输入要计算平方根的数字和精确位数,例如要计算数字 5,并分别将精度设置为 2 和 5 后会输出如下计算结果:

```
请输入待开方数:5
请输入精度:2
binary_sqrt:2.23
newton_sqrt:2.23
请输入待开方数:5
请输入精度:6
binary_sqrt:2.236067
newton_sqrt:2.236067
```

7.6 算法演练:使用牛顿迭代法求极值并绘制曲线

请编写一个程序计算方程 $f(x)=100*(x_2-x_1^2)^2+(1-x_1)^2$ 的极小值,其梯度是 $g(x)=(-400*(x_2-x_1^2)*x_1-2*(1-x_1),200*(x_2-x_1^2))^T$,并使用 Matplotlib 绘制迭代计算的过程。

7.6.1 算法分析:用牛顿迭代法求极小值

对于一个多元函数 $f(x)=f(x_1,x_2,\cdots,x_n)$,用牛顿迭代法求其极小值的迭代格式为:

$$x_{k+1}=x_k-G_k^{-1}g_k$$

其中 $g(x)=\nabla f(x)$ 为函数 $f(x)$ 的梯度向量,$G(x)$ 为函数 $f(x)$的 Hesse(Hessian)矩阵。上述牛顿迭代法不是全局收敛的,为此可以引入阻尼牛顿法。我们知道,求极值的一般迭代格式为:

$$x_{k+1}=x_k+\alpha_k p_k$$

其中 α_k 为搜索步长,p_k 为搜索方向(注意所有的迭代格式都是先计算搜索方向,再计算搜索步长,如同盲人下山一样,先找到哪个方向可行,再决定向下走几步)。

取下降方向 $p_k=-G_K^{-1}g_k$ 即得阻尼牛顿法,只不过搜索步长 α_k 不确定,需要用线性搜索技术确定一个较优值,比如精确线性搜索或者 Goldstein 搜索、Wolfe 搜索等。特别地,当 α_k 一直取为常数 1 时,就是普通的牛顿法。以 Rosenbrock 函数为例,即有:

$$f(x)=100(x_2-x_1^2)^2+(1-x_1)^2$$

于是可以得函数的梯度:

$$g(x)=\nabla f(x)=(-400(x_2-x_1^2)x_1-2(1-x_1),200(x_2-x_1^2))^T$$

函数 $f(x)$ 的 Hesse 矩阵为:

$$\begin{bmatrix} -400(x_2-3x_1^2)+2 & -400x_1 \\ -400x_1 & 200 \end{bmatrix}$$

7.6.2 具体实现

编写示例文件 niudun04. py,设置梯度为:

$$g(x)=\nabla f(x)=(-400(x_2-x_1^2)x_1-2(1-x_1),200(x_2-x_1^2))^T$$

然后使用库 Matplotlib 给求解函数绘制出轮廓线,通过牛顿迭代法则是利用局部的一阶和二阶偏导信息,推测整个目标函数的形状,进而可以求得近似函数的全局最小值,然后将当前的最小值设定近似函数的最小值。相比最速下降法,牛顿迭代法带有一定对全局的预测性,收敛性质也更优良。具体实现代码如下:

```
import numpy as np
import matplotlib.pyplot as plt

def jacobian(x):
    return np.array([-400*x[0]*(x[1]-x[0]**2)-2*(1-x[0]),200*(x[1]-
x[0]**2)])

def hessian(x):
```

```
        return np.array([[-400* (x[1]-3* x[0]* * 2)+2,-400* x[0]],[-400* x[0],
200]])

    X1=np.arange(-1.5,1.5+0.05,0.05)
    X2=np.arange(-3.5,2+0.05,0.05)
    [x1,x2]=np.meshgrid(X1,X2)
    f=100* (x7-x1* * 2)* * 2+(1-x1)* * 2; #给定的函数
    plt.contour(x1,x2,f,20) #画出函数的 20 条轮廓线


    def newton(x0):

        print('初始点为:')
        print(x0,'\n')
        W=np.zeros((2,10* * 3))
        i=1
        imax=1000
        W[:,0]=x0
        x=x0
        delta=1
        alpha=1

        while i<imax and delta>10* * (-5):
            p=-np.dot(np.linalg.inv(hessian(x)),jacobian(x))
            x0=x
            x=x+alpha* p
            W[:,i]=x
            delta=sum((x-x0)* * 2)
            print('第',i,'次迭代结果:')
            print(x,'\n')
            i=i+1
        W=W[:,0:i]  #记录迭代点
        return W

    x0=np.array([-1.2,1])
    W=newton(x0)

    plt.plot(W[0,:],W[1,:],'g* ',W[0,:],W[1,:]) #画出迭代点收敛的轨迹
    plt.show()
```

上述代码的实现流程如下：

（1）导入了 NumPy 和 Matplotlib 库并定义了两个函数 jacobian()和 hessian()，以及创建了一些数值数据和函数。

（2）生成了一个二维网格 x1 和 x2，并计算了一个给定函数 f 的值，然后使用函数 plt.contour()绘制了 20 条轮廓线。

（3）定义了一个名为 newton()的函数，用于执行牛顿迭代法，该函数接受初始点 x0 作为参数。在迭代过程中，它计算迭代点，并记录每次迭代的结果，最终返回所有迭代点的集合。

(4)使用函数 plt. plot()将迭代点收敛的轨迹绘制出来。

执行后会输出显示迭代过程:

```
初始点为:
[-1.2  1.]

第 1 次迭代结果:
[-1.1752809   1.38067416]

第 2 次迭代结果:
[ 0.76311487-3.17503385]

第 3 次迭代结果:
[0.76342968 0.58282478]

第 4 次迭代结果:
[0.99999531 0.94402732]

第 5 次迭代结果:
[0.9999957  0.99999139]

第 6 次迭代结果:
[1.1.]
```

由此可见,迭代了六次得到最优解,并使用 Matplotlib 绘制迭代计算的过程,画出的迭代点的轨迹如图 7-1 所示。

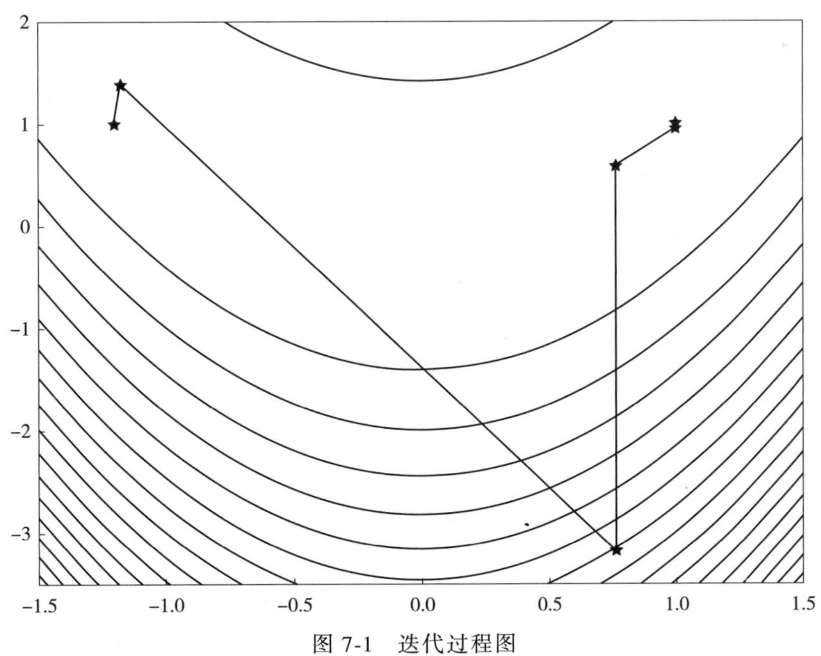

图 7-1　迭代过程图

下面是每一步迭代对应的误差:

第 1 次迭代:232. 8676878;

第 2 次迭代:4. 639426214;

第 3 次迭代:1370.789849;

第 4 次迭代:0.473110379;

第 5 次迭代:25.0274456;

第 6 次迭代:8.61E-06。

注意:牛顿法是二阶收敛,最速下降是一阶收敛,所以牛顿迭代法就更快。最速下降法每次只从当前所处位置选一个坡度最大的方向走一步,牛顿迭代法在选择方向时,不仅会考虑坡度是否够大,还会考虑走了一步之后,坡度是否会变得更大。所以可以说牛顿迭代法比最速下降法能更快地走到最底部。相对而言,最速下降法只考虑了局部的最优,没有全局思想。

7.7 算法演练:求方程在 *x* 附近的一个实根

编写一个 Python 程序,要求使用牛顿迭代法求方程 $ax^3+bx^2+cx+d=0$ 在 x 附近的一个实根。

7.7.1 算法分析:循环替代

首先赋值 x,即迭代初值。然后用初值 x 代入方程中计算此时的 $f(x)=(a*x*x*x+b*x*x+c*x+d)$ 和 $f'(x)=(3*a*x*x+2*b*x+c)$ 计算增量 $f(x)/f'(x)$,然后计算下一个 x:$x-f(x)/f'(x)$,把新产生的 x 替换 x:$x=x-f(x)/f'(x)$,并依次循环。如果 d 绝对值大于 0.00001,则重复上述步骤。

7.7.2 具体实现

编写示例文件 niudun06.py,根据对 a 的判断结果显示不同的提示结果,例如“a = = 0 and c * * 2-4 * b * d<0”则打印“无解”。具体实现代码如下:

```
def diedai(a,b,c,d,X):
    x=X
    if a==0 and c * * 2-4 * b * d < 0:
        print("无解")
    elif a==0 and b==0 and c==0 and d ! =0:
        print("无解")
    elif a==0 and b==0 and c==0 and d==0:
        print("恒等")
    else:
        while abs(a * x * x * x+b * x * x+c * x+d) > 0.000001:
            x=x-(a * x * x * x+b * x * x+c * x+d) / (3 * a * x * x+2 * b * x+c)
        print("x=%.2f" % x)


a,b,c,d,x=input().split()
diedai(int(a),int(b),int(c),int(d),int(x))
```

执行后会要求输入 a、b、c、d 和 x 的值,例如输入 1,-1,2,-3,5 后会输出:

```
1-1 2-3 5
x=1.28
```

7.8　算法演练:解决“非线性方程组”问题

非线性方程是指含有指数和余弦函数等非线性函数的方程,例如,$e^x-\cos(\pi x)=0$。与线性方程相比,无论是解的存在性,还是求解的计算公式,非线性方程问题都比线性问题要复杂得多,对于一般非线性方程 $f(x)=0$,既无直接法可用,也无一定规则可寻。

7.8.1　算法分析:平方收敛

通过牛顿迭代法使用函数 $f(x)$的泰勒级数的前面几项来寻找方程 $f(x)=0$ 的根,这是求方程根的重要方法之一,其最大优点是在方程 $f(x)=0$ 的单根附近具有平方收敛。

假设 r 是 $f(x)=0$ 的根。选取 x_0 作为 r 的初始近似值,过点$(x_0,f(x_0))$做曲线的切线,求出该切线与 x 轴的交点,并求出该点的横坐标,称作 x_1 是 r 的一次近似。如此就可以推导出牛顿迭代公式。如果是连续的,并且待求的零点是孤立的,那么在零点周围存在一个区域,只要初始值位于这个邻近区域内,那么牛顿迭代法必定收敛。如果不为 0,那么牛顿迭代法将具有平方收敛的性能。

7.8.2　具体实现

在下面的示例文件 Iteration. py 中,演示了使用牛顿迭代算法解决“非线性方程组”问题的过程,计算方程 $e^x-\cos(\pi x)=0$ 的解。首先使用 math 库中内置的数学函数 Xnex[0]、Xnex[1] 和 Xnex[2],然后对 Xk1、Xk2、Xk3 进行迭代,每一次迭代越来越接近结果,最终得到答案。具体实现代码如下:

```
import math  #导入数学库以使用 cos 函数

#定义 takeStep 函数,计算下一个迭代步骤的值
def takeStep(Xcur):
    Xnex=[0,0,0]
    Xnex[0]=math.cos(Xcur[1] * Xcur[2]) / 3.0+1.0 / 6
    Xnex[1]=math.sqrt(Xcur[0] * Xcur[0]+math.sin(Xcur[2])+1.06) / 9.0-0.1
    Xnex[2]=-1 * math.exp(-1 * Xcur[0] * Xcur[1]) / 20.0-(10 * math.pi-3) / 60
    return Xnex

#定义 initialize 函数,初始化迭代的起始点
def initialize():
    X0=[0.1,0.1,-0.1]
    return X0

#定义 ColculateDistance 函数,计算两个点之间的距离
def ColculateDistance(Xcur,Xnew):
```

```
    temp=[Xcur[0]-Xnew[0],Xcur[1]-Xnew[1],Xcur[2]-Xnew[2]
    dis=math.sqrt(temp[0] * temp[0]+temp[1] * temp[1]+temp[2] * temp[2])
    return dis

#定义 iteration 函数,进行迭代计算
def iteration(eps,maxIter):
    cur_eps=10000
    Xcur=initialize()
    Xnew=[0,0,0]
    iterNum=1
    print("--------------------------开始迭代--------------------------")
    print("迭代次数  |    Xk1     |    Xk2     |    Xk3     |    eps    ")

    while (cur_eps > eps and iterNum < maxIter):
        Xnew=takeStep(Xcur)
        cur_eps=ColculateDistance(Xcur,Xnew)
        print("    %d       %.8f  %.8f  %.8f  %8.8f" % (iterNum,Xcur[0],
Xcur[1],Xcur[2],cur_eps))
        iterNum+=1
        Xcur=Xnew
    return 0

#调用 iteration 函数进行迭代计算
iteration(10* * -10,200)
```

上述代码执行了一个迭代过程,计算函数的收敛值。代码中包括初始化、迭代步骤和计算距离的函数。然后在主函数中调用 iteration 函数来执行迭代,并输出结果。

执行后会输出:

```
-----------------------开始迭代-----------------------
 迭代次数  |     Xk1      |     Xk2      |     Xk3      |     eps
     1      0.10000000  0.10000000  -0.10000000  0.58923871
     2      0.49998333  0.00944115  -0.52310127  0.00941924
     3      0.49999593  0.00002557  -0.52336331  0.00023523
     4      0.50000000  0.00001234  -0.52359814  0.00001231
     5      0.50000000  0.00000003  -0.52359847  0.00000031
     6      0.50000000  0.00000002  -0.52359877  0.00000002
     7      0.50000000  0.00000000  -0.52359878  0.00000000
```

注意:在使用牛顿迭代法求根时应注意以下两种可能发生的情况:

①如果方程无解,算法求出的近似根序列就不会收敛,迭代过程会变成死循环,因此在使用迭代算法前应先考察方程是否有解,并在程序中对迭代的次数给予限制;

②方程虽然有解,但迭代公式选择不当,或迭代的初始近似根选择不合理,也会导致迭代失败。

7.9 算法演练：使用 Jacobi 迭代法求解线性方程组

对于普通迭代法来说，其一般形式为 $x_{k+1}=G(x_k)+C$，其中，G 称为迭代算子。由迭代格式得到迭代序列：

$$\{x_k\}$$

如迭代序列收敛于方程组的精确解，则称此迭代格式为收敛迭代格式。将方程组改写成如下形式（如令 $A=B-C$）：

$$x=M_x+f$$

假设存在如下线性方程组：

$$\begin{cases} 8x_1-3x_2+2x_3=20 \\ 4x_1+11x_2-x_3=33 \\ 6x_1+3x_2+12x_3=36 \end{cases}$$

则首先按照下面的分组进行求解：

$$\boldsymbol{A}=\begin{bmatrix} 8 & -3 & 2 \\ 4 & 11 & -1 \\ 6 & 3 & 12 \end{bmatrix} \qquad \boldsymbol{x}=\begin{bmatrix} x_1 \\ x_2 \\ x_3 \end{bmatrix} \qquad \boldsymbol{b}=\begin{bmatrix} 20 \\ 33 \\ 36 \end{bmatrix}$$

请编写一个 Python 程序，使用雅克比（Jacobi）迭代法求解一个线性方程组。

7.9.1 算法分析：迭代矩阵

Jacobi 迭代的方法是令 $\boldsymbol{A}=\boldsymbol{D}-\boldsymbol{L}-\boldsymbol{U}$，Jacobi 迭代的格式如下所示：

$$x^{k+1}x_{k+1}=\boldsymbol{D}^{-1}(\boldsymbol{L}+\boldsymbol{U})\boldsymbol{X}^k\boldsymbol{X}_k+\boldsymbol{D}^{-1}\boldsymbol{b},k=0,1,2,\cdots$$

Jacobi 迭代矩阵的格式是：

$$\boldsymbol{M}=\boldsymbol{D}^{-1}(\boldsymbol{L}+\boldsymbol{U})$$

7.9.2 具体实现

编写示例文件 yakebi.py，功能是使用 Jacobi 迭代算法求解线性方程组，首先为了降低功耗，设置迭代次数上限是 100。然后分别通过函数 read_tensor()和 read_vector()读取张量和向量。在记事本文件 123.txt 中设置要求解的线性方程组的值，通过上面的两个函数读取文件里面的值，然后迭代求解 x 的值并存储结果。具体实现代码如下：

```
import numpy as np

max=100  #迭代次数上限
Delta=0.01
m=2  #阶数：矩阵为 2 阶
n=3  #维数：3X3 的矩阵

shape=np.full(m,n)
shape=tuple(shape)
```

```
def read_tensor(f,shape):  #读取张量
    data=[]
    for i in range(n * * (m-1)):
        line=f.readline()
        data.append(list(map(eval,line.split(","))))
    return np.array(data).reshape(shape)


def read_vector(f):  #读取向量
    line=f.readline()
    line=line.replace("\n","")
    line=list(map(eval,line.split(",")))
    return np.array(line)


#读取数据
f=open("123.txt")
A=read_tensor(f,shape)  #读取矩阵 A
b=read_vector(f)  #读取 b
f.close()
print('A:')
print(A)
print('b:',b)

#求 LU=L+U
LU=np.copy(A)
for i in range(n):
    LU[i,i]=0
LU=0-LU

#求 D:系数矩阵的对角线元素
D=np.copy(A)
D=D+LU

#迭代求解
x=np.ones(n)  #用于存储迭代过程中 x 的值
y=np.ones(n)  #用于存储中间结果
DLU=np.dot(np.linalg.inv(D),LU)  #对 D 求逆,然后和 LU 相乘
Db=np.dot(np.linalg.inv(D),b)
print('x:',x)
for iteration in range(max):
    #迭代计算
    y=np.dot(DLU,x)+Db

    #判断是否达到精度要求
    if np.max(np.fabs(x-y)) < Delta:
        print('iteration:',iteration)
```

```
        break
    #将 y 幅值到 x,开始下一轮迭代
    x=np.copy(y)
    print('x:',x)
```

上述代码的实现流程如下：

(1)导入库 NumPy,定义了一些参数和函数,然后读取存储在文件 123. txt 中的矩阵 A 和向量 b；

(2)进行矩阵运算,计算 $\boldsymbol{LU}$ 矩阵和 D 矩阵,其中 $\boldsymbol{LU}$ 是 $\boldsymbol{A}$ 矩阵的逆加上负对角线元素构成的矩阵,$\boldsymbol{D}$ 是 $\boldsymbol{A}$ 矩阵的对角线元素构成的矩阵；

(3)执行迭代求解过程,通过迭代计算来逐步逼近方程 $\boldsymbol{A}x=\boldsymbol{b}$ 的解。在每次迭代中,计算 y,并检查是否达到指定的精度要求。如果满足精度要求,就输出迭代次数并结束迭代；否则,将 y 赋值给 x,继续下一轮迭代；

(4)打印输出最终的解 x 和迭代次数,或者如果达到最大迭代次数仍未满足精度要求,则停止迭代。这段代码的功能是通过迭代求解来逼近线性方程组 $\boldsymbol{A}x=\boldsymbol{b}$ 的解。

在记事本 123. txt 文件中设置要求解的线性方程组的值,其中前三行是 $\boldsymbol{A}$ 的数据,最后一行是 $\boldsymbol{b}$ 的数据。内容如下：

```
2,-1,-1
1,5,-1
1,1,10
-5,11,8
```

执行后会输出计算上述线性方程组的结果：

```
A:
[[ 2-1-1]
 [ 1  5-1]
 [ 1  1 10]]
b:[-5 11  8]
x:[1. 1. 1. ]
x:[-1.5  2.2  0.6]
x:[-1.1   2.62  0.73]
x:[-0.825  2.566  0.648]
x:[-0.893   2.4946  0.6259]
x:[-0.93975  2.50378  0.63984]
x:[-0.92819  2.515918  0.643597]
iteration:6
```

7.10　算法演练：使用 Gauss-Seidel 迭代法求解线性方程组

Gauss-Seidel 迭代法与 Jacobi 迭代法类似,唯一的区别是,Jacobi 算法需要将一个完整的数组 $x=(x_{11},x_{12},\cdots,x_{1n})$ 迭代算出 x_{21},仍使用 $x=(x_{11},x_{12},\cdots,x_{1n})$,直到算出 x_{2n},凑出下一个完整的 $x=(x_{21},x_{22},\cdots,x_{2n})$,而 Gauss-Seidel 迭代法则是在利用 $x=(x_{11},x_{12},\cdots,x_{1n})$ 算出 x_{21} 之后,直接将 x_{21} 代入 x,变为 $x=(x_{21},x_{12},\cdots,x_{1n})$,然后继续算出 x_{22},代入,以此类推。

7.10.1 算法分析:迭代格式

在实现原理上,令 $\boldsymbol{M}=\boldsymbol{D}-\boldsymbol{L}$(Jacobi 中是 $\boldsymbol{D}$),于是 $\boldsymbol{B}=\boldsymbol{I}-(\boldsymbol{D}-\boldsymbol{L})$的逆 $\boldsymbol{A}=(\boldsymbol{D}-\boldsymbol{L})$的逆 $\boldsymbol{U}$,f=$(\boldsymbol{D}-\boldsymbol{L})$的逆 $\boldsymbol{b}$。在数学应用中,使用 Gauss-Seidel 求解线性方程组的迭代格式如下:

$$(\boldsymbol{D}-\boldsymbol{L})x_{k+1}=\boldsymbol{U}x_k+\boldsymbol{b}$$

$$x_{k+1}=(\boldsymbol{D}-\boldsymbol{L})^{-1}\boldsymbol{U}x_k+(\boldsymbol{D}-\boldsymbol{L})^{-1}\boldsymbol{b},k=0,1,2,\cdots$$

Gauss-Seidel 迭代矩阵如下:

$$\boldsymbol{M}=(\boldsymbol{D}-\boldsymbol{L})^{-1}\boldsymbol{U}$$

7.10.2 具体实现:两次 DL 求逆

编写示例文件 Gauss-Seidel. py,功能是使用 Gauss-Seidel 迭代法求解线性方程组,和前面的 Jacobi 迭代算法相比,本算法用到了两次 DL 求逆,分别和 $\boldsymbol{U}$、$\boldsymbol{b}$ 相乘,通过 if 语句判断是否达到精度要求,达到要求后则停止迭代。具体实现代码如下:

```
import numpy as np
max=100#迭代次数上限
Delta=0.01
m=2#阶数:矩阵为 2 阶
n=3#维数:3X3 的矩阵

shape=np.full(m,n)
shape=tuple(shape)

def read_tensor(f,shape):#读取张量
    data=[]
    for i in range(n**(m-1)):
        line=f.readline()
        data.append(list(map(eval,line.split(","))))
    return np.array(data).reshape(shape)

def read_vector(f):#读取向量
    line=f.readline()
    line=line.replace("\n","")
    line=list(map(eval,line.split(",")))
    return np.array(line)

#读取数据
f=open("jacobi_data.txt")
A=read_tensor(f,shape)#读取矩阵 A
b=read_vector(f)#读取 b
f.close()
print('A:')
print(A)
print('b:',b)
```

```
U=np.copy(A)#求 U
DL=np.copy(A)#求 D-L
for i in range(n):
     for j in range(n):
          if j<=i:
               U[i,j]=0
          else:
               DL[i,j]=0
U=0-U

#迭代求解
x=np.ones(n)#用于存储迭代过程中 x 的值
y=np.ones(n)#用于存储中间结果
DLU=np.dot(np.linalg.inv(DL),U)#对 DL 求逆,然后和 U 相乘
DLb=np.dot(np.linalg.inv(DL),b)#对 DL 求逆,然后和 b 相乘
print('x:',x)
for iteration in range(max):
     #迭代计算
     y=np.dot(DLU,x)+DLb

     #判断是否达到精度要求
     if np.max(np.fabs(x-y))<Delta:
          print('iteration:',iteration)
          break
     #将 y 幅值到 x,开始下一轮迭代
     x=np.copy(y)
     print('x:',x)
```

在记事本文件 123. txt 中设置要求解的线性方程组的值,其中前三行是 A 的数据,最后一行是 $\boldsymbol{b}$ 的数据。内容如下:

```
2,-1,-1
1,5,-1
1,1,10
-5,11,8
```

执行后会输出计算上述线性方程组的结果:

```
A:
[[ 2-1-1]
 [1  5-1]
 [1  1 10]]
b:[-5 11  8]
x:[1.1.1.]
x:[-1.5   2.7   0.68]
x:[-0.81    2.498   0.6312]
x:[-0.9354    2.51332   0.642208]
x:[-0.922236    2.5128888   0.64093472]
iteration:4
```

通过上述执行效果可知，在计算同一个线性方程组时，可以发现 Gauss-Seidel 迭代法只需要迭代 4 次，而 Jacobi 算法需要迭代 6 次，这是因为 Jacobi 算法在每一步计算中都把结果代入了。

7.11 算法演练：为房东解决房屋租金调整的问题

房屋租金调整是指根据多种不同因素对房屋租金进行调整或修改的过程。这个过程通常由房东进行，以反映市场条件、维护房产价值、获得合理的回报等为目标。

7.11.1 问题介绍

请编写一个 Python 程序，用于模拟房屋租金的动态调整过程。要求使用迭代算法来逐渐调整租金，以使其接近特定的目标租金水平。

1. 题目情景

某城市的一名房东拥有两个位置（市中心和郊区）的房屋，每个位置有两种类型的房屋（普通房和高级房）。每种房屋类型的初始价格如下：

市中心：

- 普通房初始价格：[1000,1200,800,1500]
- 高级房（学区房）初始价格：[2000,2500,1800,2800]

郊区：

- 普通房初始价格：[800,900,700,1300]
- 高级房（地铁房）初始价格：[1200,1500,1100,1700]

任务是使用迭代算法逐渐调整租金价格，以使总租金接近或达到目标租金水平。

2. 具体要求

（1）在迭代过程中，除了调整租金价格，还要考虑市场供需关系的影响。如果租金价格过高，租户数量可能会减少，从而影响总租金；

（2）通过多次迭代，根据房屋类型和调整百分比，使每个位置的房屋租金逐渐趋近于目标租金水平，其中目标租金由 target_rent 指定；

（3）当总租金接近或达到目标租金水平时，迭代停止；

（4）请提供一个示例输出，包括最终租金价格和迭代次数，以及每次迭代的租金变化情况。

7.11.2 算法分析

我们来梳理一下本示例中用到的关键参数，并对算法步骤和算法复杂性进行分析。

1. 算法输入

- locations：包含房屋不同位置和类型的数据结构，其中包括房屋租金、调整百分比等信息。
- target_rent：目标租金水平，算法的目标是使总租金尽可能接近该目标。
- max_iterations：允许的最大迭代次数，避免无限循环。

2. 算法步骤

（1）初始化迭代次数 iteration 为 0，并定义一个变量 total_rent_change 来跟踪每次迭代的总租金变化；

(2)进入循环,每次迭代针对不同的位置和房屋类型进行调整。在嵌套的循环中,对每个房屋价格进行调整,计算出期望的价格 desired_price,并计算价格变化 price_change。然后,将价格更新为期望价格,同时累积总租金变化;

(3)打印每次迭代的总租金变化,以便跟踪算法的进展;

(4)检查是否满足目标租金水平,如果总租金变化的绝对值小于目标租金 target_rent,则终止迭代;

(5)重复步骤 2 至步骤 4,直到满足目标租金水平或达到最大迭代次数。

3. 算法复杂性分析

该算法的时间复杂性取决于迭代次数,最大迭代次数由 max_iterations 控制。通常情况下,迭代次数越少,算法的时间复杂性越低。该算法的空间复杂性相对较低,因为它主要依赖于输入数据和迭代次数。

7.11.3　具体实现

根据上面的算法分析编写程序文件 fang. py,具体实现代码如下:

```
def adjust_rent(locations,target_rent,max_iterations):
    for iteration in range(max_iterations):
        total_rent_change=0
        for location in locations:
            for house_type in location['houses']:
                for i in range(len(house_type['prices'])):
                    current_price=house_type['prices'][i]
                    desired_price=current_price * (1+house_type
                    ['adjustment_percentage'] / 100)
                    price_change=desired_price-current_price
                    house_type['prices'][i]=desired_price
                    total_rent_change+=price_change

        #打印每次迭代的总租金变化
        print(f"Iteration {iteration+1}:Total Rent Change={total_rent_
change:.2f}")

        #检查是否满足目标租金水平
        if abs(total_rent_change) < target_rent:
            break

def print_rent(locations):
    for location in locations:
        print(f"位置:{location['name']}")
        for house_type in location['houses']:
            print(f"房屋类型:{house_type['name']}")
            for i,price in enumerate(house_type['prices']):
                print(f"房屋{i+1}:¥{price:.2f}")
            print()
```

```
#初始化租金数据
locations=[
    {
        'name':'市中心',
        'houses':[
            {
                'name':'普通房',
                'prices':[1000,1200,800,1500],
                'adjustment_percentage':5
            },
            {
                'name':'学区房',
                'prices':[2000,2500,1800,2800],
                'adjustment_percentage':3
            }
        ]
    },
    {
        'name':'郊区',
        'houses':[
            {
                'name':'普通房',
                'prices':[800,900,700,1300],
                'adjustment_percentage':3
            },
            {
                'name':'地铁房',
                'prices':[1200,1500,1100,1700],
                'adjustment_percentage':4
            }
        ]
    }
]

#目标租金水平
target_rent=2000

#最大迭代次数
max_iterations=100

#调整租金
adjust_rent(locations,target_rent,max_iterations)

#打印最终租金
print_rent(locations)
```

在上述代码中,修改变量 target_rent 和 max_iterations 的值以满足不同的目标租金水平和迭代次数。

第 8 章　查找算法

查找是在大量的信息中寻找一个特定的信息元素。在计算机应用中，查找是常用的基本运算，例如编译程序中符号表的查找。在本章的内容中，将详细介绍查找算法的知识和具体用法，为读者学习本书后面的知识打下基础。

8.1　查找算法基础

在学习查找算法之前，需要先理解以下四个概念：

(1)列表：由同一类型的数据元素或记录构成的集合，可以使用任意数据结构实现。

(2)关键字：数据元素的某个数据项的值，能够标识列表中的一个或一组数据元素。如果一个关键字能够唯一标识列表中的一个数据元素，则称其为主关键字，否则称为次关键字。当数据元素中仅有一个数据项时，数据元素的值就是关键字。

(3)查找：根据指定的关键字的值，在某个列表中查找与关键字值相同的数据元素，并返回该数据元素在列表中的位置。如果找到相应的数据元素，则查找是成功的，否则查找是失败的，此时应返回空地址及失败信息，并可根据要求插入这个不存在的数据元素。显然，查找算法中涉及了如下三类参量：

①查找对象，即具体找什么；

②查找范围，即在什么地方找；

③具体位置，即查找的结果在哪里。

其中，①、②是输入参量，③是输出参量。在函数中不能没有输入参量，可以使用函数返回值来表示输出参量。

(4)平均查找长度：为了确定数据元素在列表中的位置，需要将关键字个数的期望值与指定值进行比较，这个期望值被称为查找算法在查找成功时的平均查找长度。如果列表的长度为 n，查找成功时的平均查找长度为：

$$\mathrm{ASL} = P_1C_1 + P_2C_2 + \cdots + P_nC_n = \sum_{i=1}^{n} P_iC_i$$

式中，P_i 为查找列表中第 i 个数据元素的概率；C_i 为当找到列表中第 i 个数据元素时，已经进行过的关键字比较次数。因为查找算法的基本运算是在关键字之间进行比较，所以可用平均查找长度来衡量查找算法的性能。

查找的基本方法可分比较式查找法和计算式查找法两大类。其中，比较式查找法又可以分为基于线性表的查找法和基于树的查找法。计算式查找法通常被称为哈希(Hash)查找法。

在本章后面的内容中，将根据目标的不同对查找算法进行分类，详细讲解在 Python 程序中使用各种查找算法的知识。

8.2 线性表查找:顺序查找算法

线性表是最简单的数据结构,可以将线性表中的查找算法分为顺序查找算法、折半查找算法(插值查找算法)和分块查找算法三种。在本节的内容中,将首先讲解顺序查找算法的基本知识和用法。

8.2.1 顺序查找算法基础

顺序查找也称为线性查找,属于无序查找算法。顺序查找算法的特点是逐一比较指定的关键字与线性表中各个元素的关键字,直到查找成功或失败为止。假设一个列表的长度为 n,如果要查找里面第 i 个数据元素,则需进行 $n-i+1$ 次比较,即 $C_i=n-i+1$。假设查找每个数据元素的概率相等,即 $P_i=1/n$,则顺序查找算法的平均查找长度为:

$$\text{ASL} = \sum_{i=1}^{n} P_i C_i = \frac{1}{n}\sum_{i=1}^{n} C_i = \frac{1}{n}\sum_{i=1}^{n}(n-i+1) = \frac{1}{2}(n+i)$$

8.2.2 顺序查找算法的时间复杂度

- 当查找成功时的平均查找长度为:

```
(假设每个数据元素的概率相等)ASL=1/n(1+2+3+…+n)=(n+1)/2
```

- 当查找不成功时,需要 $n+1$ 次比较,时间复杂度为 $O(n)$;

所以,顺序查找算法的时间复杂度为 $O(n)$。

其实在 Python 中提供了内置函数实现查找功能,例如在下面的示例文件 nei.py 中,演示了使用内置函数实现查找功能的过程。

```
aList=[1,2,3,4,5,6,3,8,9]
print(5 in aList)                  #查找 5 是否在列表中
print(aList.index(5))              #返回第一个数据 5 的下标
print(aList.index(5,4,10))         #返回从下标 4 到 10(不包含)查找数据 5
print(aList.count(5))              #返回数据 5 的个数
```

执行后会输出:

```
True
4
4
1
```

假设给定一个整数 s 和一个整数数组 a,判断 s 是否在 a 中,要求不能用 Python 自带的“if s in a”语句。既然没有说明 a 有什么特性,那么我们就只能假定它是一个很随机的数组。要判断 s 是否在 a 中,需要逐个访问 a 中的元素并和 s 比较,一旦找到就返回 True。如果 a 遍历完了还没找到,则返回 False。这个过程实现起来非常简单,实现代码如下:

```
def seq_search(s,a):
    for i in range(len(a)):
```

```
        if s==a[i]:
            return True
    return False
```

我们可以通过如下代码进行测试:

```
a=[13,42,3,4,7,5,6]
s=7print seq_search(s,a)

a2=[10,25,3,4,780,5,6]
s=70print seq_search(s,a2)
```

测试后会输出:

```
TrueFalse
```

上述过程的时间复杂度如表 8-1 所示。

表 8-1　时间复杂度

情况	最好	最坏	平均
找到了	1	n	$n/2$
没找到	n	n	n

8.2.3　算法演练:在列表 alist 中查找数字 2

下面将通过一个示例的实现过程,详细讲解实现顺序查找算法的具体方法。在示例文件 cha. py 中,使用 for 循环遍历列表 alist,查找数字 2 是否在列表中,如果在则打印输出其在列表中的位置。具体实现代码如下:

```
aList=[1,2,3,4,5,6,3,8,9]
sign=False                              #初始值为没找到
x=int(input("请输入要查找的整数:"))
for i in range(len(aList)):
  if aList[i]==x:
      print("整数%d 在列表中,在第%d 个数"%(x,i+1))
      sign=True
if sign==False:
  print("整数%d 不在列表中"%x)
```

执行后会输出:

```
请输入要查找的整数:2
整数 2 在列表中,在第 2 个数
```

8.3　线性表查找:折半查找算法

折半查找算法又被称为二分法查找算法,此方法要求待查找的列表必须是按关键字大小有序排列的顺序表。

8.3.1 折半查找算法基础

折半查找算法的查找过程如下：

①将表中间位置记录的关键字与待查找关键字比较，如果两者相等则表示查找成功；否则利用中间位置记录将表分成前、后两个子表；

②如果中间位置记录的关键字大于查找关键字，则进一步查找前一个子表，否则查找后一个子表；

③重复以上过程，一直到找到满足条件的记录为止，此时表明查找成功；

④如果最终子表不存在，则表明查找不成功。

接下来用平均查找长度来分析折半查找算法的性能，可以使用一个被称为判定树的二叉树来描述折半查找过程。首先验证树中的每一个节点对应表中一个记录，但是节点值不是用来记录关键字的，而是用于记录在表中的位置序号。根节点对应当前区间的中间记录，左子树对应前一个子表，右子树对应后一个子表。当折半查找成功时，关键字的比较次数不会超过判定树的深度。因为判定树的叶节点和所在层次的差是 1，所以 n 个节点的判定树的深度与 n 个节点的完全二叉树的深度相等，都是 $\log_2 n+1$。这样，折半查找成功时，关键字比较次数最多不超过 $\log_2 n+1$。相应地，当折半查找失败时，其整个过程对应于判定树中从根节点到某个含空指针的节点的路径。所以当折半查找成功时，关键字比较次数也不会超过判定树的深度 $\log_2 n+1$。可以假设表的长度 $n=2h-1$，则判定树一定是深度为 h 的满二叉树，即 $\log_2(n+1)$。又假设每个记录的查找概率相等，则折半查找成功时的平均查找长度为：

$$\text{ASL}_{bs} = \sum_{i=1}^{n} P_i C_i = \frac{1}{n}\sum_{j=1}^{n} j \times 2^{j-1} = \frac{n+1}{n}\log_2(n+1) - 1$$

在此假设将长度为 n 的表分成 b 块，每块含有 s 个元素，即 $b=n/s$。

折半查找方法具有比较次数少、查找速度快和平均性能好的优点。其缺点是要求待查表为有序表，且插入删除困难。因此，折半查找方法适用于不经常变动且查找频繁的有序列表。

在最坏情况下，关键字比较次数为 $\log_2(n+1)$，且期望时间复杂度为 $O(\log_2 n)$。

8.3.2 算法演练：在列表 array 中查找数字 76

折半查找是对于有序序列而言的。每次折半，则查找区间大约缩小一半。我们用 low 和 high 分别表示查找区间的第一个下标与最后一个下标。当 low 大于 high 时，说明目标关键字在整个有序序列中不存在，查找失败。下面的示例文件 zhe. py 中，演示了使用折半查找算法在列表 arrag 中查找指定数字 76 的过程。

```
def BinSearch(array,key,low,high):
    mid=int((low+high)/2)
    if key==array[mid]:  #若找到
        return array[mid]
    if low>high:
        return False
```

```
    if key<array[mid]:
        return BinSearch(array,key,low,mid-1)  #递归
    if key>array[mid]:
        return BinSearch(array,key,mid+1,high)


if __name__=="__main__":
    array=[4,13,27,38,49,49,55,65,76,97]
    ret=BinSearch(array,76,0,len(array)-1)  #通过折半查找,找到 76
    print(ret)
```

执行后会输出:

```
76
```

8.4　线性表查找:插值查找算法

插值查找法是根据查找关键字与查找表中最大最小记录关键字比较后来判定查找关键字的大概位置。插值查找基于二分查找,将查找点的选择改进为自适应选择,提高了查找效率。

8.4.1　插值查找算法基础

在介绍插值查找法之前,读者首先考虑一个新问题,为什么前面的算法一定要是折半,而不是折四分之一或者折更多呢? 打个比方,在英文字典里面查“apple”,你会下意识地翻开字典前面的书页还是后面的书页呢? 如果再让你查“zoo”,你又怎么查? 很显然,你绝对不会是从中间开始查起,而是有一定目的的往前或往后翻。同样的,比如要在取值范围为 1~10000 的 100 个自然数(从小到大均匀分布)中查找 5,我们自然会考虑从数组下标较小的元素开始查找。

经过以上分析可知,折半查找不是自适应的。在折半查找中查找点的计算过程如下:

```
mid=(low+high)/2,即 mid=low+1/2* (high-low);
```

通过类比,我们可以将查找的点改进为:

```
mid=low+(key-a[low])/(a[high]-a[low])* (high-low)
```

也就是将上述的比例参数 1/2 改进为自适应的,根据关键字在整个有序表中所处的位置,让 mid 值的变化更靠近关键字 key,这样也就间接地减少了比较次数。

注意:对于表较粗关键字分布又比较均匀的查找表来说,插值查找法的平均性能比折半查找法要好得多。反之,数组中如元素分布非常不均匀,那么插值查找未必是很合适的选择。

插值查找法查找成功或者失败的时间复杂度均为 $O(\log_2(\log_2 n))$。

8.4.2 算法演练:找出列表 list 中的数字 444

在下面的示例文件 cha. py 中,演示了使用插值查找法查找指定的数据的过程。首先根据上面的插值公式(查找点改进)得出如下计算 mid 值的核心代码:

```
mid=low+int((high-low)* (key-lis[low])/(lis[high]-lis[low]))
```

然后通过 if 语句判断当前值 key 和 mid 的大小,根据比较结果执行遍历操作,具体实现代码如下:

```
def binary_search(lis,key):
    low=0
    high=len(lis)-1
    time=0
    while low<high:
        time+=1
        #计算 mid 值是插值算法的核心代码
        mid=low+int((high-low)* (key-lis[low])/(lis[high]-lis[low]))
        print("mid=%s,low=%s,high=%s" % (mid,low,high))
        if key<lis[mid]:
            high=mid-1
        elif key>lis[mid]:
            low=mid+1
        else:
            #打印查找的次数
            print("times:%s" % time)
            return mid
    print("times:%s" % time)
    return False

if __name__=='__main__':
    LIST=[1,5,7,8,22,54,99,123,200,222,444]
    result=binary_search(LIST,444)
    print(result)
```

执行后会输出:

```
mid=10,low=0,high=10
times:1
10
```

8.5 线性表查找:分块查找算法

分块查找是折半查找和顺序查找的改进方法,首先选取各块中的最大关键字构成一个索引表,将查找过程分两个部分:先对索引表进行二分查找或顺序查找,以确定待查记录在哪一块中,然后在已确定的块中用顺序法进行查找。

8.5.1　分块查找算法基础

分块查找算法要求将列表组织成下面的索引顺序结构：

①将列表分成若干个块(子表)：一般情况下，块的长度均匀，最后一块可以不满。每块中元素任意排列，即块内无序，但块与块之间要有序；

②构造一个索引表：其中每个索引项对应一个块并记录每块的起始位置，以及每块中的最大关键字(或最小关键字)。索引表按关键字有序排列。

图 8-1 为一个索引顺序表，包括了如下三个块。

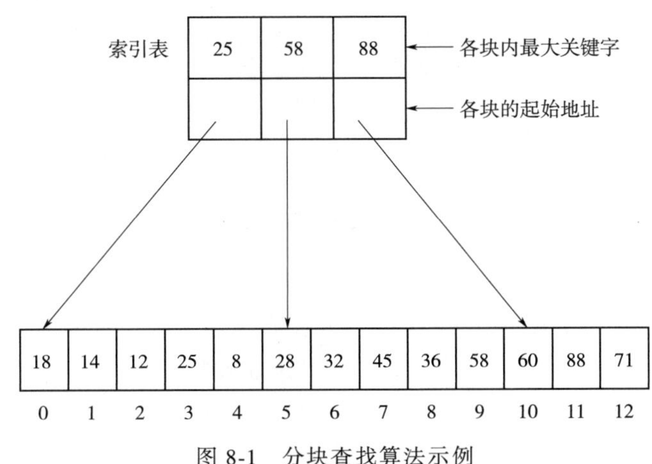

图 8-1　分块查找算法示例

①第 1 个块的起始地址为 0，块内最大关键字为 25；

②第 2 个块的起始地址为 5，块内最大关键字为 58；

③第 3 个块的起始地址为 10，块内最大关键字为 88。

分块查找的基本过程如下：

①为了确定待查记录所在的块，先将待查关键字 K 与索引表中的关键字进行比较，在此可以使用顺序查找法或折半查找法进行查找；

②继续用顺序查找法，在相应块内查找关键字为 K 的元素。

假如在图 8-1 所示的索引顺序表中查找 36，则具体过程如下：

①将 36 与索引表中的关键字进行比较，因为 25<36<58，所以 36 在第 2 个块中；

②在第 2 个块中顺序查找，最后在 8 号单元中找到 36。

分块查找的平均查找长度由两部分构成，分别是查找索引表时的平均查找长度为 L_b，以及在相应块内进行顺序查找的平均查找长度 L_w。

$$\text{ASL}_{bs}=L_b+L_w$$

假设将长度为 n 的表分成 b 块，且每块含 s 个元素，则 $b=n/s$。又假定表中每个元素的查找概率相等，则每个索引项的查找概率为 $1/b$，块中每个元素的查找概率为 $1/s$。若用顺序查找法确定待查元素所在的块，则有如下结论。

$$L_b=\frac{1}{b}\sum_{j-1}^{b}j=\frac{b+1}{2}$$

$$L_w = \frac{1}{s}\sum_{i-1}^{s} i = \frac{s+1}{2}$$

$$\mathrm{ASL}_{bs} = L_b + L_w = \frac{(b+s)}{2} + 1$$

将 $b=\frac{n}{s}$带入会得到：

$$\mathrm{ASL}_{bs} = \frac{1}{2}\left(\frac{n}{s}+s\right)+1$$

如果用折半查找法确定待查元素所在的块，则有如下结论。

$$L_b = \log_2(b+1)-1$$

$$\mathrm{ASL}_{bs} = \log_2(b+1)-1+\frac{s+1}{2} \approx \log_2\left(\frac{n}{s}+1\right)+\frac{s}{2}$$

8.5.2 算法演练：在列表中查找某个随机元素

请看下面的示例文件 fen01. py，功能是使用分块查找算法在列表中搜索某个元素。首先将序列分为 m 块，块内部无序，外部有序。然后选取各块最大元素构成索引表，对索引表进行二分查找，找到所在的块。最后在确定块中使用顺序查找算法实现查找工作。本实例的关键点是构建外部无序，内部有序的多子块。具体实现代码如下：

```
import random

Range=20
Length=9
flag=0
pos=-1
tabNum=3
tabPos=-1

list=random.sample(range(Range),Length)
goal=random.randint(0,Range)
print('开始查找数字',goal,',在下面的列表中查找:')

#子表建立,选择序列前 m 个元素排序后建立索引,根据索引建立子表
list_index=[]  #使用二维列表表示多个子序列
for i in range(tabNum):  #在列表中添加 m 个列表
    list_index.append([])

for i in range(1,tabNum):  #向第 1-m 子列表添加原序列的前 m-1 个元素作为索引,留出第一个子列表盛放最大索引
    list_index[i].append(list[i-1])  #但会出现最大值在第二个子列表中,第一子列表为空的情况
for i in range(1,tabNum-1):  #将添加元素的子列表中的元素降序排列
    for j in range(1,tabNum-i):
```

```
            if list_index[j]<list_index[j+1]:
                list_index[j],list_index[j+1]=list_index[j+1],list_index[j]
    #print(list_index)

    for i in range(tabNum-1,Length):  #将其余元素添加到各子列表,比索引大则放到前一个子列
表中,其余放入最后一个索引中
        for j in range(1,tabNum):
            if list[i]>list_index[j][0]:
                list_index[j-1].append(list[i])
                break
        else:
            list_index[tabNum-1].append(list[i])
    #print(list_index)
    if len(list_index[0])>1:  #提取第一个子列表的最大值最为索引
        for i in range(len(list_index[0])-1,0,-1):
            if list_index[0][i]>list_index[0][i-1]:
                list_index[0][i],list_index[0][i-1]=list_index[0][i-1],list_
index[0][i]
    print(list_index)  #显示构造的子列表

    for i in range(tabNum-1,-1,-1):  #将给定元素与各子列表进行比较,确定给定元素位置
        if len(list_index[i])! =0 and goal<list_index[i][0]:
            for j in range(len(list_index[i])):
                if list_index[i][j]==goal:
                    tabPos=i+1
                    pos=j+1
                    flag=1


    if flag:
        print("查找结果:在第",tabPos,"个列表的中,索引值是",pos,"!")
    else:
        print("not found")
```

执行后会随机生成三个列表,并随机生成要查找的元素,使用分块查找算法在列表中查找这个元素,并输出查询结果。因为是随机的,所以每次的执行效果不同。例如在笔者机器中的某次执行后会输出:

```
开始查找数字 11,在下面的列表中查找:
[[16,13,12,11,9],[6,4],[3,0]]
查找结果:在第 1 个列表的中,索引值是 4!
```

8.6　基于树的查找法:二叉排序树算法

基于树的查找法又称为树表查找法,是指在树结构中查找某一个指定的数据,能够将待查表组织成特定树的形式,并且能够在树结构上实现查找。基于树的查找法主要包括二叉排序树、平衡二叉树和 B 树等。

8.6.1 二叉排序树算法基础

二叉排序树是一种特殊结构的二叉树,在现实中通常被定义为一棵空树,或者被描述为具有如下性质的二叉树:

- 如果它的左子树非空,则左子树上所有节点的值均小于根节点的值;
- 如果它的右子树非空,则右子树上所有节点的值均大于根节点的值;
- 左右子树都是二叉排序树。

由此可见,对二叉排序树的定义可以用一个递归定义的过程来描述。由上述定义可知二叉排序树的一个重要性质:当中序遍历一个二叉排序树时,可以得到一个递增有序序列。如图 8-2 所示的二叉树就是两棵二叉排序树,如果中序遍历图 8-2(a)所示的二叉排序树,会可得到递增有序序列:1-2-3-4-5-6-7-8-9。

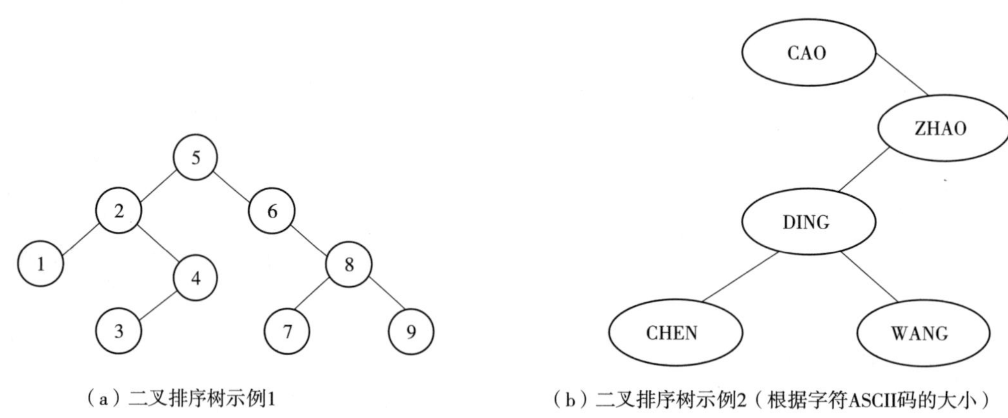

(a)二叉排序树示例1　　(b)二叉排序树示例2(根据字符ASCII码的大小)

图 8-2　二叉排序树

8.6.2 插入和生成

已知一个关键字值为 key 的节点 J,如果将其插入到二叉排序树中,需要保证插入后仍然符合二叉排序树的定义。可以使用下面的方法进行插入操作:

(1)如果二叉排序树是空树,则 key 成为二叉排序树的根。

(2)如果二叉排序树非空,则将 key 与二叉排序树的根进行如下比较。

①如果 key 的值等于根节点的值,则停止插入。

②如果 key 的值小于根节点的值,则将 key 插入左子树。

③如果 key 的值大于根节点的值,则将 key 插入右子树。

假如有一个元素序列,可以利用上述算法创建一棵二叉排序树。首先,将二叉排序树初始化为一棵空树,然后逐个读入元素。每读入一个元素就建立一个新的节点,将这个节点插入到当前已生成的二叉排序树中,通过调用上述二叉排序树的插入算法可以将新节点插入。假设关键字的输入顺序为 45、24、53、12、28、90,按上述算法生成的二叉排序树的过程如图 8-3 所示。

对于同样的一些元素值,如果输入顺序不同,所创建的二叉树的形态也不同。假如在上面的例子中的输入顺序为 24、53、90、12、28、45,则生成的二叉排序树如图 8-4 所示。

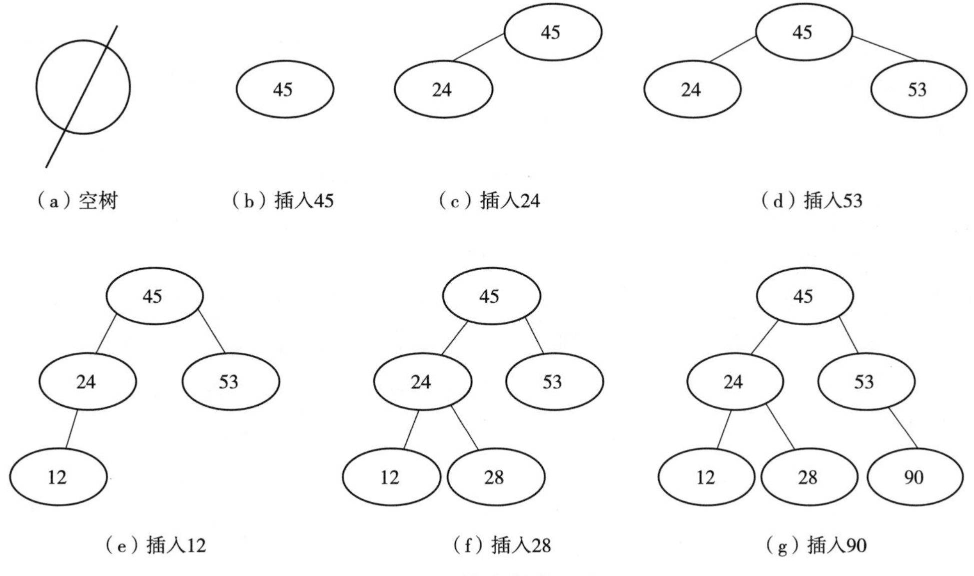

图 8-3　二叉排序树的生成过程

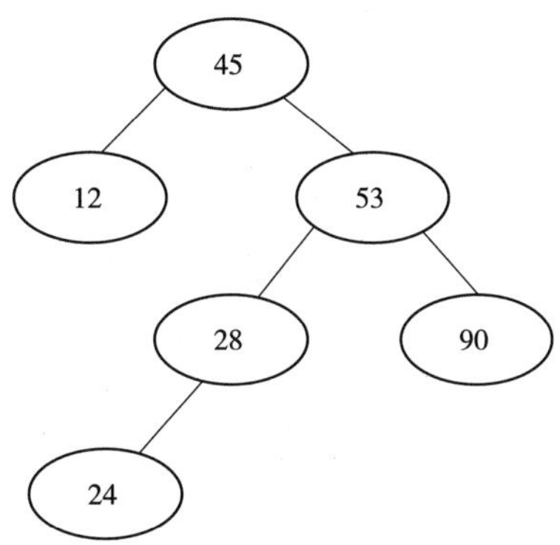

图 8-4　输入顺序不同所生成的不同二叉排序树

实现二叉树插入操作的算法代码如下：

```
#插入
def insert(self,data):
    flag,n,p=self.search(self.root,self.root,data)
    if not flag:
        new_node=Node(data)
        if data>p.data:
            p.rchild=new_node
        else:
            p.lchild=new_node
```

8.6.3　删除操作

从二叉排序树中删除某一个节点,就是仅删掉这个节点,而不把以该节点为根的所有子树都删除掉,并且还要保证删除后得到的二叉树仍然满足二叉排序树的性质。即在二叉排序树中删除一个节点相当于删除有序序列中的一个节点。

在删除操作之前,首先要查找确定被删节点是否在二叉排序树中,如果不在则不需要做任何操作。假设要删除的节点是 p,节点 p 的双亲节点是 f,如果节点 p 是节点 f 的左孩子。在删除时需要分如下三种情况来讨论:

(1)如果 p 为叶节点,则可以直接将其删除;

(2)如果 p 节点只有左子树,或只有右子树,则可将 p 的左子树或右子树,直接改为其双亲节点 f 的左子树或右子树;

(3)如果 p 既有左子树,也有右子树,如图 8-5(a)所示。此时有如下两种处理方法:

方法 1:首先找到 p 节点在中序序列中的直接前驱 s 节点,如图 8-5(a)所示,然后将 p 的左子树改为 f 的左子树,而将 p 的右子树改为 s 的右子树,结果如图 8-5(b)所示。

方法 2:首先找到 p 节点在中序序列中的直接前驱 s 节点,如图 8-5(c)所示,然后用 s 节点的值替代 p 节点的值,再将 s 节点删除,原 s 节点的左子树改为 s 的双亲节点 q 的右子树,结果如图 8-5(d)所示。

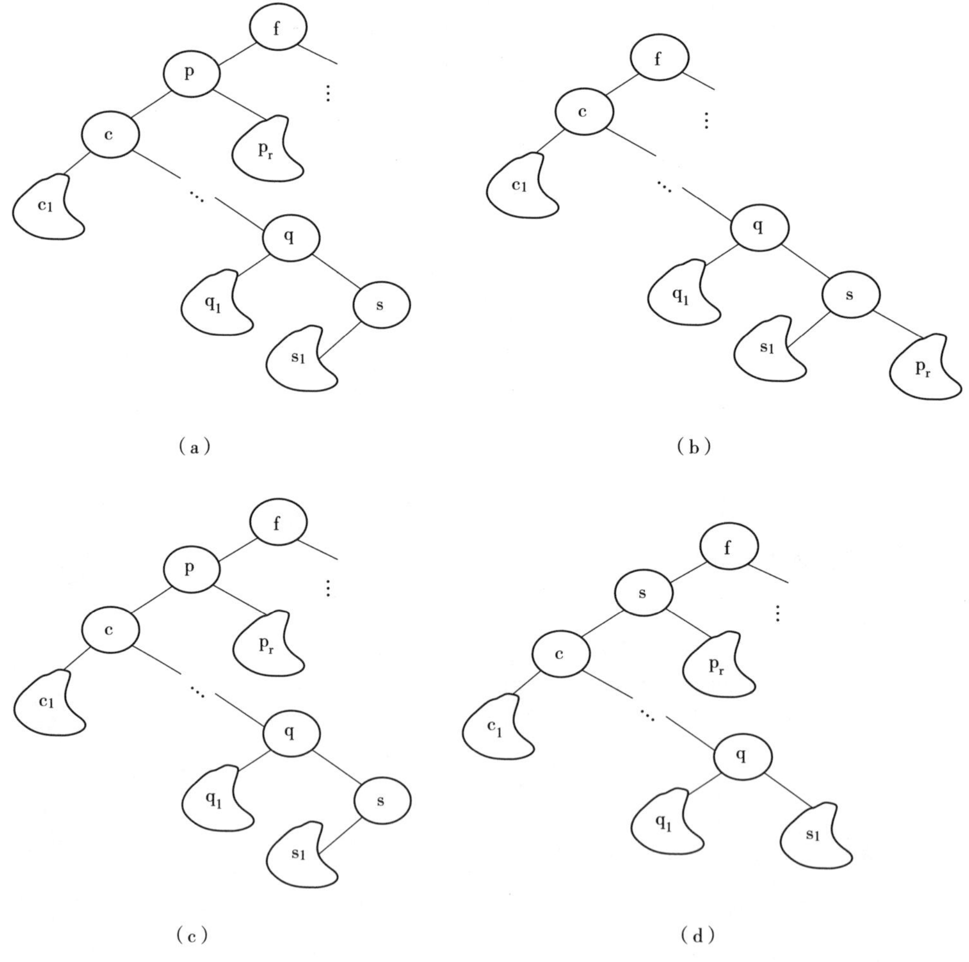

图 8-5 二叉排序树节点删除过程

如下是实现二叉树删除操作的算法代码,首先查找节点是否存在,如果不存在则打印提示"无该关键字,删除失败"。如果存在则需要遍历具体位置,分别查找左子树和右子树,在找到该元素后使用 del 删除。

```
#删除
def delete(self,root,data):
    flag,n,p=self.search(root,root,data)
    if flag is False:
        print "无该关键字,删除失败"
    else:
        if n.lchild is None:
            if n==p.lchild:
                p.lchild=n.rchild
            else:
                p.rchild=n.rchild
            del n
        elif n.rchild is None:
            if n==p.lchild:
                p.lchild=n.lchild
            else:
                p.rchild=n.lchild
            del n
        else:  #左右子树均不为空
            pre=n.rchild
            if pre.lchild is None:
                n.data=pre.data
                n.rchild=pre.rchild
                del pre
            else:
                next=pre.lchild
                while next.lchild is not None:
                    pre=next
                    next=next.lchild
                n.data=next.data
                pre.lchild=next.rchild
                del next
```

8.6.4 查找操作

可以将二叉排序树看作是一个有序表,在这棵二叉排序树上可以进行查找操作。二叉排序树的查找是一个逐步缩小查找范围的过程,可以根据二叉排序树的特点,首先将待查关键字 k 与根节点关键字 t 进行比较,如果 $k=t$ 则返回根节点地址,如果 $k<t$ 则进一步查左子树,如果 $k>t$ 则进一步查右子树。

因为二叉排序树的查找过程是一个递归过程,所以可以使用递归算法实现,也可以使用循环的方式直接实现二叉排序树查找的递归算法。

实现二叉树搜索操作的算法代码如下:

```
#搜索
def search(self,node,parent,data):
    if node is None:
```

```
            return False,node,parent
        if node.data==data:
            return True,node,parent
        if node.data>data:
            return self.search(node.lchild,node,data)
        else:
            return self.search(node.rchild,node,data)
```

8.6.5 算法演练:排序列表并删除其中的元素 49

在下面的示例文件 ercha.py 中,演示了实现二叉树完整操作的过程,包括二叉树节点的搜索、插入、删除、先序遍历、中序遍历和后序遍历操作。具体实现代码如下:

```
class Node:
    def __init__(self,data):
        self.data=data
        self.lchild=None
        self.rchild=None

class BST:
    def __init__(self,node_list):
        self.root=Node(node_list[0])
        for data in node_list[1:]:
            self.insert(data)

    #搜索
    def search(self,node,parent,data):
        if node is None:
            return False,node,parent
        if node.data==data:
            return True,node,parent
        if node.data>data:
            return self.search(node.lchild,node,data)
        else:
            return self.search(node.rchild,node,data)

    #插入
    def insert(self,data):
        flag,n,p=self.search(self.root,self.root,data)
        if not flag:
            new_node=Node(data)
            if data>p.data:
                p.rchild=new_node
            else:
                p.lchild=new_node
```

```
    #删除
    def delete(self,root,data):
        flag,n,p=self.search(root,root,data)
        if flag is False:
            print("无该关键字,删除失败")
        else:
            if n.lchild is None:
                if n==p.lchild:
                    p.lchild=n.rchild
                else:
                    p.rchild=n.rchild
                del p
            elif n.rchild is None:
                if n==p.lchild:
                    p.lchild=n.lchild
                else:
                    p.rchild=n.lchild
                del p
            else: #左右子树均不为空
                pre=n.rchild
                if pre.lchild is None:
                    n.data=pre.data
                    n.rchild=pre.rchild
                    del pre
                else:
                    next=pre.lchild
                    while next.lchild is not None:
                        pre=next
                        next=next.lchild
                    n.data=next.data
                    pre.lchild=next.rchild
                    del p

    #先序遍历
    def preOrderTraverse(self,node):
        if node is not None:
            print(node.data,)
            self.preOrderTraverse(node.lchild)
            self.preOrderTraverse(node.rchild)

    #中序遍历
    def inOrderTraverse(self,node):
        if node is not None:
            self.inOrderTraverse(node.lchild)
            print(node.data,)
            self.inOrderTraverse(node.rchild)
```

```
    #后序遍历
    def postOrderTraverse(self,node):
        if node is not None:
            self.postOrderTraverse(node.lchild)
            self.postOrderTraverse(node.rchild)
            print(node.data,)

a=[49,38,65,97,60,76,13,27,5,1]
bst=BST(a)  #创建二叉查找树
bst.inOrderTraverse(bst.root)  #中序遍历

bst.delete(bst.root,49)
print(bst.inOrderTraverse(bst.root))
```

执行后会输出：

```
1
5
13
27
38
49
60
65
76
97
1
5
13
27
38
60
65
76
97
None
```

8.7 基于树的查找法:平衡二叉排序树算法

平衡二叉排序树同样是一类特殊的二叉排序树。它或者为空树,或者其左右子树都是平衡二叉排序树,而且其左右的子树高度之差绝对值不超过 1。

8.7.1 平衡二叉排序树算法基础

使用平衡二叉排序树的目的是提高查找效率,其平均查找长度为 $O(\log_2 n)$。

在一般情况下，只有祖先节点为根的子树才有可能失衡。当下层的祖先节点恢复平衡后，会使上层的祖先节点恢复平衡，所以应该调整最下面的失衡子树。因为平衡因子为 0 的祖先节点不可能失衡，所以从新插入节点开始向上遇到的第一个平衡因子不等于 0 的祖先节点，就是第一个可能失衡的节点。如果失衡，需要调整以该节点为根的子树。根据不同的失衡情况，对应的调整方法也不相同。具体的失衡类型及对应的调整方法可以分为如下四种。

(1) LL 型

假设最低层失衡节点为 A，在节点 A 左子树的左子树中插入新节点 S 后，导致失衡，如图 8-6(a)所示。由 A 和 B 的平衡因子可以推出和 B_L、B_R 以及 A_R 相同的深度。为了恢复平衡并保持二叉排序树特性，可以将 A 改为 B 的右子树，将 B 原来的右子树 B_R 改为 A 的左子树，如图 8-6(b)所示。这相当于以 B 为轴，对 A 做了一次顺时针旋转。

在一般二叉排序树的节点中，可以增加一个存放平衡因子的域 bf，这样就可以用来表示平衡二叉排序树。打一个比方，表示节点的字母同时也用于表示指向该节点的指针，则 LL 型失衡的特点是：A→bf = 2，B→bf = 1。将调整后二叉树的根节点 B“接到”原 A 处。令 A 原来的父指针为 FA，如果 FA 非空，则用 B 来代替 A，当作 FA 的左子树或右子树；否则原来 A 就是根节点，此时应令根指针 t 指向 B。

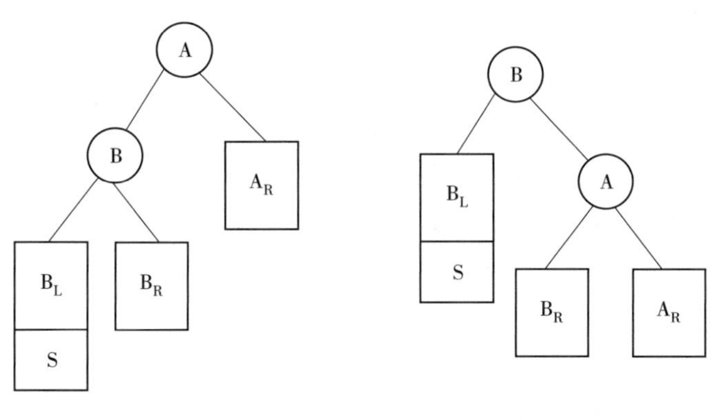

(a) 插入新节点S后失去平衡　　(b) 调整后恢复平衡

图 8-6　二叉排序树的 LL 型平衡旋转

(2) LR 型

假设最低层失衡节点是 A，在节点 A 的左子树的右子树插入新节点 S 后会导致失衡，如图 8-7(a)所示。在图 8-7(a)中假设在 C_L 下插入 S(如果在 C_R 下插入 S，对树的调整方法相同，不同的是调整后 A 和 B 的平衡因子)。由 A、B、C 的平衡因子容易推知，C_L 与 C_R 深度相同，B_L 与 A_R 深度相同，并且 B_L、A_R 的深度比 C_L、C_R 的深度大 1。为了恢复平衡并保持二叉排序树特性，可以将 B 改为 C 的左子树，将 C 原来的左子树 C_L 改为 B 的右子树。将 A 改为 C 的右子树，将 C 原来的右子树 C_R 改为 A 的左子树，如图 8-7(b)所示。这相当于对 B 做了一次逆时针旋转，对 A 做了一次顺时针旋转。

在上面提到了在 C_L 下插入 S 和在 C_R 下插入 S 的两种情况。在现实应用中还有另外一种情况，即 B 的右子树为空，C 本身就是插入的新节点 S。此时 C_L、C_R、B_L 和 A_R 都为空。在这种情况下，对树的调整方法仍然相同，不同的是调整后的 A 和 B 的平衡因子都为 0。

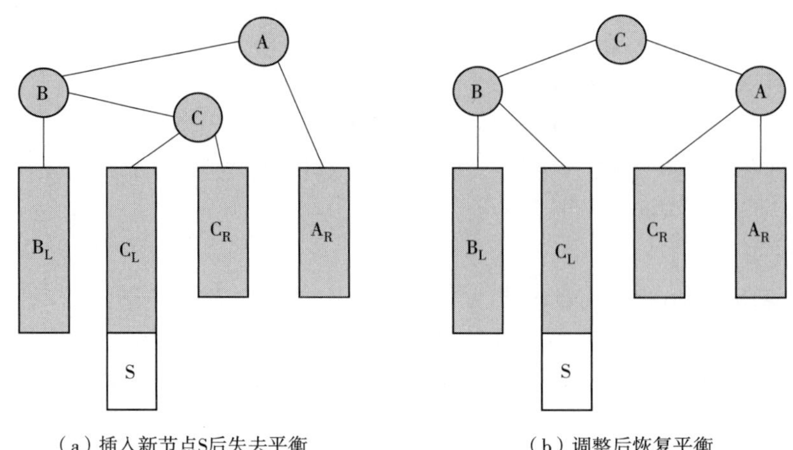

图 8-7　二叉排序树的 LR 型平衡旋转

LR 型失衡的特点是：A→bf=2，B→bf=-1。

针对上述三种不同情况，可以修改 A、B、C 的平衡因子，将调整后的二叉树的根节点 C“接到”原 A 处，使 A 原来的父指针为 FA。如果 FA 非空，则用 C 代替 A 来当作 FA 的左子树或右子树；否则原来 A 就是根节点，此时应令根指针 t 指向 C。

（3）RR 型

RR 型与 LL 型相互对称。假设最低层失衡节点为 A，如在节点 A 的右子树的右子树插入新节点 S 后会导致失衡，如图 8-8（a）所示。由 A 和 B 的平衡因子可知，B_L、B_R 以及 A_L 深度相同。为恢复平衡并保持二叉排序树特性，可以将 A 改为 B 的右子树，将 B 原来的左子树 B_L 改为 A 的右子树，如图 8-8（b）所示。这相当于以 B 为轴对 A 做了一次逆时针旋转。

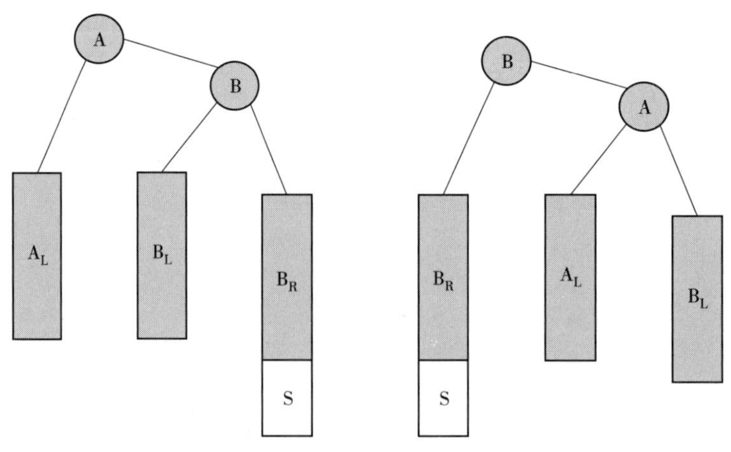

图 8-8　二叉排序树的 RR 型平衡旋转

RR 型失衡的特点是：A→bf=-2，B→bf=-1。

最后将调整后二叉树的根节点 B“接到”原 A 处，令 A 原来的父指针为 FA，如果 FA 非空，则用 B 代替 A 当作 FA 的左子树或右子树；否则原来 A 就是根节点，此时应使根指针 t 指向 B。

(4) RL 型

RL 型与 LR 型相互对称。假设最低层的失衡节点是 A,在节点 A 的右子树的左子树插入新节点 S 后会导致失衡,如图 8-9(a)所示。假设在图中的 C_R 下插入 S(如果在 C_L 下插入 S,则对树的调整方法相同,不同的是调整后 A、B 的平衡因子)。由 A、B、C 的平衡因子可知,C_L 与 C_R 深度相同,A_L 与 B_R 深度相同,并且 A_L、B_R 的深度比 C_L、C_R 的深度大 1。为了恢复平衡并保持二叉排序树特性,可以先将 B 改为 C 的右子树,将 C 原来的右子树 C_R 改为 B 的左子树;将 A 改为 C 的左子树,将 C 原来的左子树 C_L 改为 A 的右子树,如图 8-9(b)所示。这相当于对 B 做了一次顺时针旋转,对 A 做了一次逆时针旋转。

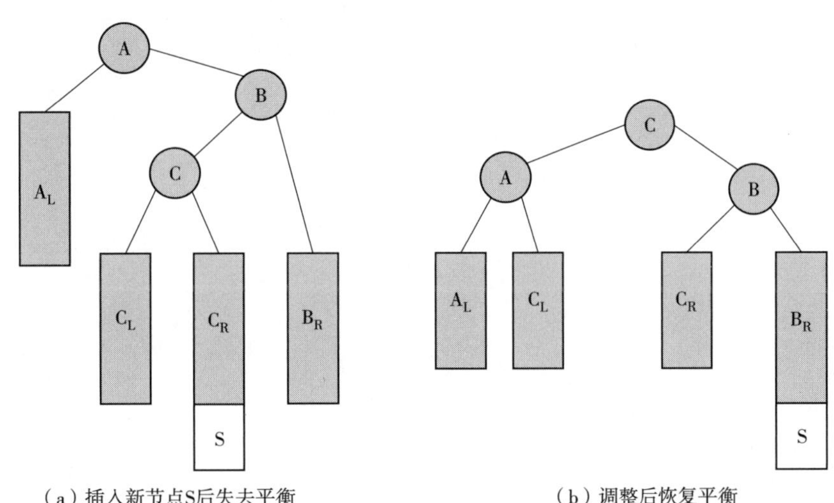

(a) 插入新节点S后失去平衡　　(b) 调整后恢复平衡

图 8-9　二叉排序树的 RL 型平衡旋转

除了前面介绍的在 C_L 下插入 S 和在 CR 下插入 S 的两种情况外,还有 B 的左子树为空这一种情况。因为 C 是插入的新节点 S,所以 C_L、C_R、A_L、B_R 均为空。在这种情况下,对树的调整方法仍然相同,不同的是调整后的 A 和 B 的平衡因子均为 0。

RL 型失衡的特点是:A→bf = -2,B→bf = 1。

针对上述三种不同情况,修改 A、B、C 的平衡因子。最后,将调整后的二叉树的根节点 C "接到"原 A 处。令 A 原来的父指针为 FA,如果 FA 非空,则用 C 代替 A 当作 FA 的左子或右子;否则原来的 A 就是根节点,此时应令根指针 t 指向 C。

由此可以看出,在一个平衡二叉排序树上插入一个新节点 S 时,主要通过以下三个步骤实现:

①查找应插入的位置,同时记录离插入位置最近的可能失衡节点 A(A 的平衡因子不等于 0);

②插入新节点 S,并修改从 A 到 S 路径上各节点的平衡因子;

③根据 A、B 的平衡因子,判断是否失衡以及失衡类型,并做相应处理。

8.7.2　判断平衡二叉树的方法

在 Python 语言中,判断平衡二叉树的方法有两种,其中第一种使用递归返回判断结果和子节点深度,先判断该节点是否平衡,然后再递归去判断左节点和右节点是否平衡,实现代码如下:

```
#判断二叉树是否为平衡二叉树
def process(head):
    if head is None:
        return True,0
    leftData=process(head.left)
    if not leftData[0]:
        return False,0
    rightData=process(head.right)
    if not rightData[0]:
        return False,0
    if abs(leftData[1]-rightData[1])>1:
        return False,0
    return True,max(leftData[1],rightData[1])+1
```

第二种方法是先判断该节点是否平衡,然后再递归去判断左节点和右节点是否平衡,实现代码如下:

```
#递归求当前节点的深度
def getdepth(node):
    if not node:
        return 0
    ld=getdepth(node.left)
    rd=getdepth(node.right)
    return max(ld,rd)+1


def isB(head):
    if not head:
        return True
    ld=getdepth(head.left)
    rd=getdepth(head.right)
    if abs(ld-rd)>1:
        return False
    return isB(head.left) and isB(head.right)
```

8.7.3 算法演练:实现平衡二叉树的插入、查找和删除操作

在下面的示例文件 ping.py 中,演示了实现平衡二叉树完整操作的过程。

(1)通过方法 iternodes()迭代 Node 类型,用于删除节点,代码如下:

```
    def iternodes(self):
        if self.left != None:
            for elem in self.left.iternodes():
                yield elem

        if self != None and self.key != None:
            yield self
```

```
        if self.right != None:
            for elem in self.right.iternodes():
                yield elem
```

(2)通过如下代码找出最小元素,其中函数 findMin()用于返回 root 中的最小元素,函数_findMin()用于返回子节点中最小元素。

```
    def findMin(self):
        if self.root is None:
            return None
        else:
            return self._findMin(self.root)

    def _findMin(self,node):
        if node.left:
            return self._findMin(node.left)
        else:
            return node
```

(3)通过如下代码找出最大元素,其中函数 findMax()用于返回 root 中的最大元素,函数_findMax()用于返回子节点中最大元素。

```
    #找最大元素
    def findMax(self):
        if self.root is None:
            return None
        else:
            return self._findMax(self.root)

    def _findMax(self,node):
        if node.right:
            return self._findMax(node.right)
        else:
            return node
```

(4)通过如下代码计算节点高度,通过函数 height()分别计算左子树和右子树节点的高度。

```
    def height(self,node):
        if(node==None):
            return 0;
        else:
            m=self.height(node.left);
            n=self.height(node.right);
            return max(m,n)+1;
```

(5)通过如下代码实现 LL 型旋转,函数 singleLeftRotate()用于实现左单旋转。因为在根节点的左孩子的左子树添加了新节点,导致根节点的平衡因子增加 2,二叉树失去平衡。对于这种情况,对节点 n 右旋一次即可。

```
    def singleLeftRotate(self,node):
        k1=node.left
        node.left=k1.right
        k1.right=node
        node.height=max(self.height(node.right),self.height(node.left))+1
        k1.height=max(self.height(k1.left),node.height)+1
        return k1
```

(6)通过函数 singleRightRotate()实现 RR 型旋转功能,RR 旋转的思路和上面介绍的 LL 旋转完全对称,只需要对节点 n 进行一次左旋即可修正。实现代码如下:

```
    def singleRightRotate(self,node):
        k1=node.right
        node.right=k1.left
        k1.left=node
        node.height=max(self.height(node.right),self.height(node.left))+1
        k1.height=max(self.height(k1.right),node.height)+1
        return k1
```

(7)通过函数 doubleLeftRotate()实现 LR 型旋转(双向旋转,先左后右),因为将新的节点插入到了 n 的左孩子的右子树上导致了不平衡。这时我们需要的是先对 i 进行一次左旋,再对 n 进行一次右旋。实现代码如下:

```
    def doubleLeftRotate(self,node):
        node.left=self.singleRightRotate(node.left)
        return self.singleLeftRotate(node)
```

(8)通过如下代码实现 RL 型旋转(双向旋转,先右后左),用于处理将新的节点插入到了 n 的右孩子的左子树上导致的不平衡。这时我们需要的是先对 i 进行一次右旋,再对 n 进行一次左旋。

```
    def doubleRightRotate(self,node):
        node.right=self.singleLeftRotate(node.right)
        return self.singleRightRotate(node)
```

(9)通过函数 insert()实现插入操作功能,假设平衡因子是左子树的高度减去右子树的高度所得到的值,又假设由于在二叉排序树上插入节点而失去平衡的最小子树根节点的指针为 a(即 a 是离插入点最近,且平衡因子绝对值超过 1 的祖先节点)。实现代码如下:

```
    def insert(self,key):
        if not self.root:
            self.root=AVLTree.__AVLNode(key)
        else:
            self.root=self._insert(self.root,key)

    def _insert(self,node,key):
        if node is None:
            node=AVLTree.__AVLNode(key)
```

```
        elif key<node.key:
            node.left=self._insert(node.left,key)
            if(self.height(node.left)-self.height(node.right))==2:
                if key<node.left.key:
                    node=self.singleLeftRotate(node)
                else:
                    node=self.doubleLeftRotate(node)

        elif key>node.key:
            node.right=self._insert(node.right,key)
            if(self.height(node.right)-self.height(node.left))==2:
                if key<node.right.key:
                    node=self.doubleRightRotate(node)
                else:
                    node=self.singleRightRotate(node)


        node.height=max(self.height(node.right),self.height(node.left))+1
        return node
```

(10)通过函数 delete()和 remove()实现删除操作功能,把要删除的节点向下旋转成一个叶子节点,接着直接移除这个叶子节点。因为在旋转成叶子节点期间最多有 $\log_2 n$ 个节点被旋转,而每次旋转耗费固定的时间,所以删除处理在整体上耗费 $O(\log_2 n)$ 时间。实现代码如下:

```
    def delete(self,key):
        if key in self:
            self.root=self.remove(key,self.root)

    def remove(self,key,node):
        if node is None:
            raise KeyError('Error,key not in tree');
        elif key<node.key:
            node.left=self.remove(key,node.left)
            if(self.height(node.right)-self.height(node.left))==2:
                  if self.height (node.right.right) >= self.height (node. right.
left):
                    node=self.singleRightRotate(node)
                else:
                    node=self.doubleRightRotate(node)
                node.height = max (self.height (node.left), self.height (node.
right))+1

        elif key>node.key:
            node.right=self.remove(key,node.right)
            if(self.height(node.left)-self.height(node.right))==2:
```

```
                if self.height(node.left.left)>=self.height(node.left.right):
                    node=self.singleLeftRotate(node)
                else:
                    node=self.doubleLeftRotate(node)
                node.height = max (self.height (node.left), self.height (node.
right))+1

        elif node.left and node.right:
            if node.left.height<=node.right.height:
                minNode=self._findMin(node.right)
                node.key=minNode.key
                node.right=self.remove(node.key,node.right)
            else:
                maxNode=self._findMax(node.left)
                node.key=maxNode.key
                node.left=self.remove(node.key,node.left)
                node.height = max (self.height (node.left), self.height (node.
right))+1
        else:
            if node.right:
                node=node.right
            else:
                node=node.left

        return node
```

(11)通过如下代码实现返回节点的原始信息功能。

```
    def iternodes(self):
        if self.root != None:
            return self.root.iternodes()
        else:
            return [None];
```

(12)通过如下代码实现寻找节点路径操作功能。

```
    def findNodePath(self,root,node):
        path=[];
        if root==None or root.key==None:
            path=[];
            return path

        while(root != node):
            if node.key<root.key:
                path.append(root);
                root=root.left;
            elif node.key>=root.key:
                path.append(root);
```

```
            root=root.right;
        else:
            break;

    path.append(root);
    return path;
```

(13)通过如下代码实现寻找父节点功能。

```
def parent(self,root,node):
    path=self.findNodePath(root,node);
    if(len(path)>1):
        return path[-2];
    else:
        return None;
```

(14)通过如下代码实现是否有左孩子的判断功能。

```
def isLChild(self,parent,lChild):
    if(parent.getLeft()! =None and parent.getLeft()==lChild):
        return True;

    return False;
```

(15)通过如下代码实现是否有右孩子的判断功能。

```
def isRChild(self,parent,rChild):
    if(parent.getRight()! =None and parent.getRight()==rChild):
        return True;

    return False;
```

(16)通过如下代码计算某元素处在树的第几层,假设树的根为 0 层,这个计算方法和求节点的 Height 是不一样的。

```
def level(self,elem):
    if self.root ! =None:
        node=self.root;
        lev=0;

        while(node ! =None):
            if elem<node.key:
                node=node.left;
                lev+=1;
            elif elem>node.key:
                node=node.right;
                lev+=1;
            else:
                return lev;
```

```
            return-1;

        else:
            return-1;
```

(17)通过如下代码进行测试。

```
if __name__=='__main__':
    avl=AVLTree();

    a=[20,30,40,120,13,39,38,40,18,101];
    b=[[10,1],[3,0],[4,0],[13,-1],[2,0],[18,0],[40,-1],[39,0],[12,0]];
    for item in b:
        avl.insert(item);

    avl.info();

    print(45 in avl);
    print(len(avl));

    '''
    avl.delete(40);
    avl.info();
    avl.delete(100);
    avl.info();
    avl.insert(1001);
    avl.info();
    '''

    for item in avl.iternodes():
        item.info();
        print(avl.findNodePath(avl.root,item));
        print('Parent:',avl.parent(avl.root,item));
        print('Level:',avl.level(item.key));
        print('\n');
```

执行后会输出:

```
[[2,0],[3,0],[4,0],[10,1],[12,0],[13,-1],[18,0],[39,0],[40,-1]]
False
9
Key=[2,0],LChild=None,RChild=None,H=1
[__AVLNode([4,0],[3,0],[13,-1],4),__AVLNode([3,0],[2,0],None,2),__AVLNode([2,
0],None,None,1)]
Parent:[3,0]
Level:2


Key=[3,0],LChild=[2,0],RChild=None,H=2
```

```
[__AVLNode([4,0],[3,0],[13,-1],4),__AVLNode([3,0],[2,0],None,2)]
Parent:[4,0]
Level:1


Key=[4,0],LChild=[3,0],RChild=[13,-1],H=4
[__AVLNode([4,0],[3,0],[13,-1],4)]
Parent:None
Level:0


Key=[10,1],LChild=None,RChild=[12,0],H=2
[__AVLNode([4,0],[3,0],[13,-1],4),__AVLNode([13,-1],[10,1],[39,0],3),__
AVLNode([10,1],None,[12,0],2)]
Parent:[13,-1]
Level:2


Key=[12,0],LChild=None,RChild=None,H=1
[__AVLNode([4,0],[3,0],[13,-1],4),__AVLNode([13,-1],[10,1],[39,0],3),__
AVLNode([10,1],None,[12,0],2),__AVLNode([12,0],None,None,1)]
Parent:[10,1]
Level:3


Key=[13,-1],LChild=[10,1],RChild=[39,0],H=3
[__AVLNode([4,0],[3,0],[13,-1],4),__AVLNode([13,-1],[10,1],[39,0],3)]
Parent:[4,0]
Level:1


Key=[18,0],LChild=None,RChild=None,H=1
[__AVLNode([4,0],[3,0],[13,-1],4),__AVLNode([13,-1],[10,1],[39,0],3),__
AVLNode([39,0],[18,0],[40,-1],2),__AVLNode([18,0],None,None,1)]
Parent:[39,0]
Level:3


Key=[39,0],LChild=[18,0],RChild=[40,-1],H=2
[__AVLNode([4,0],[3,0],[13,-1],4),__AVLNode([13,-1],[10,1],[39,0],3),__
AVLNode([39,0],[18,0],[40,-1],2)]
Parent:[13,-1]
Level:2


Key=[40,-1],LChild=None,RChild=None,H=1
[__AVLNode([4,0],[3,0],[13,-1],4),__AVLNode([13,-1],[10,1],[39,0],3),__
AVLNode([39,0],[18,0],[40,-1],2),__AVLNode([40,-1],None,None,1)]
```

```
Parent:[39,0]
Level:3
```

8.8 哈希查找算法

哈希(hash)算法定义了一种将字符串转换为固定长度(一般是更短长度)的数值或索引值的方法。由于通过更短的哈希值比用原始值搜索更快,这种方法一般用来在数据库中建立索引并进行搜索,同时还用在各种解密算法中。哈希算法又被称为散列法或关键字地址计算法等,相应的表被称为哈希表。

8.8.1 哈希算法的基本思想

我们来梳理一下哈希算法的基本思想。

(1)在元素关键字 k 和元素存储位置 p 之间建立对应关系 f,使得 $p=f(k)$,f 称为哈希函数。

(2)在创建哈希表时,把关键字为 k 的元素直接存入地址为 $f(k)$的单元。

(3)当查找关键字为 k 的元素时,利用哈希函数计算出该元素的存储位置 $p=f(k)$,从而达到按关键字直接存取元素的目的。

注意:如果关键字集合很大,则关键字值中不同的元素可能会映象到与哈希表相同的地址上,即 $k_1 \neq k_2$,但是 $h(k_1)=h(k_2)$,上述现象称为冲突。在这种情况下,通常称 k_1 和 k_2 是同义词。在实际应用中,不能避免上述冲突的情形,只能通过改进哈希函数的性能来减少冲突。

哈希算法是一种典型的以空间换时间的算法。比如原来一个长度为 100 的数组,对其查找,只需要遍历且匹配相应记录即可,从空间复杂度上来看,假如数组存储的是 byte 类型数据,那么该数组占用 100byte 空间。现在采用哈希算法,前面说的哈希必须有一个规则,约束键与存储位置的关系,那么就需要一个固定长度的哈希表,此时,仍然是 100byte 的数组,假设我们需要的 100byte 用来记录键与位置的关系,那么总的空间为 200byte,而且用于记录规则的表大小会根据规则,但大小可能是不定的。

哈希算法主要包括以下两方面的内容:

①如何构造哈希函数;

②如何处理冲突。

8.8.2 构造哈希函数

在构造哈希函数时需要遵循如下原则:

①函数本身便于计算;

②计算出来的地址分布均匀,即对任一关键字 k,$f(k)$对应不同地址的概率相等,目的是尽可能减少冲突。

构造哈希函数的方法有多种,其中最为常用的有如下五种。

(1)数字分析法

如果预先知道关键字集合,当每个关键字的位数比哈希表的地址码位数多时,可以从关键字中选出分布较均匀的若干位来构成哈希地址。假设有 80 个记录,关键字是一个 8 位的十进制整数:$m_1m_2m_3\cdots m_7m_8$,如哈希表长度取值 100,则哈希表的地址空间为 00~99。经过分析之后,各关键字中 m_4 和 m_7 的取值分布比较均匀,则哈希函数为 $h(key)=h(m_1m_2m_3\cdots m_7m_8)=m_4m_7$。反之,各关键字中 m_1 和 m_8 的取值分布很不均匀,例如 m_1 都等于 5,m_8 都等于 2,则哈希函数为 $h(key)=h(m_1m_2m_3\cdots m_7m_8)=m_1m_8$,这种用不均匀的取值构造函数的算法误差会比较大,所以不可取。

(2)平方取中法

如果无法确定关键字中哪几位分布比较均匀,可以先求出关键字的平方值,然后按照需要取平方值的中间几位作为哈希地址。因为平方后的中间几位和关键字中的每一位都相关,所以不同的关键字会以较高的概率产生不同的哈希地址。

假设把英文字母在字母表中的位置序号作为该英文字母的内部编码,例如 K 的内部编码为 11,E 的内部编码为 05,Y 的内部编码为 25,A 的内部编码为 01,B 的内部编码为 02,由此可以得出关键字“KEYA”的内部编码为 11052501。同理,也可以得到关键字“KYAB”“AKEY”“BKEY”的内部编码。对关键字进行平方运算之后,取出第 7~9 位作为该关键字哈希地址,如表 8-2 所示。

表 8-2　平方取中法求得的哈希地址

关键字	内部编码	内部编码的平方值	h(k)关键字的哈希地址
KEYA	11025201	122157778355001	778
KYAB	11250102	126564795010404	795
AKEY	01110525	001233265775625	265
BKEY	02110525	004454315775625	315

(3)分段叠加法

分段叠加法是指按照哈希表地址位数将关键字分成位数相等的几部分,其中最后一部分可以比较短。然后将这几部分相加,舍弃最高进位后的结果就是该关键字的哈希地址。分段叠加有移位法与折叠法两种。移位法是指将分割后的每部分低位对齐相加,折叠法是指从一端向另一端沿分割边界来回折叠,用奇数段表示正序,用偶数段表示倒序,然后将各段相加。

(4)除留余数法

为了更加直观地了解除留余数法,在此举一个例子。假设哈希表长为 n,p 为小于等于 n 的最大素数,则哈希函数为:

```
h(k)=k%p,
```

其中%为模 p 的取余运算。

假设待散列元素为(18,75,60,43,54,90,46),表长 $n=10$,$p=7$,则有:

```
h(18)=18%7=4      h(75)=75%7=5      h(60)=60%7=4
h(43)=43%7=1      h(54)=54%7=5      h(90)=90%7=6
h(46)=46%7=4
```

此时冲突较多，为减少冲突，可以取较大的 n 值和 p 值，例如 $n=p=13$，此时结果如下：

```
h(18)=18 % 13=5      h(75)=75 % 13=10     h(60)=60 % 13=8
h(43)=43 % 13=4      h(54)=54 % 13=2      h(90)=90 % 13=12
h(46)=46 % 13=7
```

此时没有冲突，如图 8-10 所示。

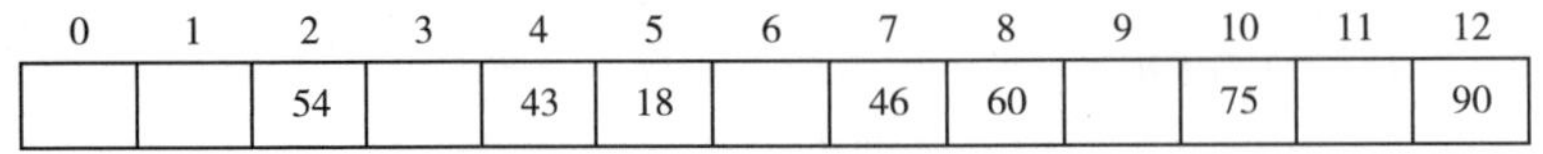

0	1	2	3	4	5	6	7	8	9	10	11	12
		54		43	18		46	60		75		90

图 8-10　除留余数法求哈希地址

（5）伪随机数法

伪随机数法是指采用一个伪随机函数当作哈希函数，即 $h(key)=\text{random}(key)$。

在实际应用中，应根据具体情况灵活采用不同的方法，并使用实际数据来测试它的性能，以便做出正确判定。在判断时通常需要考虑如下五个因素：

- 计算哈希函数所需时间。
- 关键字的长度。
- 哈希表大小。
- 关键字分布情况。
- 记录查找频率。

8.8.3　处理冲突

使用性能良好的哈希函数可以减少冲突，但是不可能完全避免冲突，所以解决冲突是哈希算法的另一个关键问题。无论是在创建哈希表时，还是在查找哈希表时都会遇到冲突，在这两种情况下解决冲突的方法是一致的。以创建哈希表为例，有以下四种常用的解决冲突的方法。

1. 开放定址法

开放定址法也被称为再散列法，基本思想如下：

当关键字 key 的哈希地址 $m=h(key)$ 出现冲突时，以 m 为基础产生另一个哈希地址 m_1，如果 m_1 还是冲突，再以 m 为基础产生另一个哈希地址 m_2，……如此继续，一直到找出一个不冲突的哈希地址 m_i 为止，此时将相应元素存入其中。

开放定址法遵循如下通用的再散列函数形式。

```
hi=(h(key)+di)% m  i=1,2,…,n
```

其中，$h(key)$为哈希函数，m 为表长，d_i 为增量序列。增量序列的取值方式不同，相应的再散列方式也不同。主要有如下三种再散列方式。

（1）线性探测再散列，其特点是发生冲突时，顺序查看表中下一单元，直到找出一个空单元或查遍全表，格式如下：

```
di=1,2,3,…,m-1
```

（2）二次探测再散列，其特点是当发生冲突时，在表的左右进行跳跃式探测，比较灵活，格式如下：

```
di=1²,-1²,2²,-2²,…,k²,-k²    (k<=m/2)
```

(3)伪随机探测再散列,在具体实现时需要先建立一个伪随机数发生器,例如 $i=(i+p)\%\ m$,并设置一个随机数做起点,其格式如下:

```
di=伪随机数序列。
```

2. 再哈希法

再哈希法能够同时构造多个不同的哈希函数,具体格式如下:

```
hi=Rhi(key)  i=1,2,…,k
```

当哈希地址 $h_i=Rh_i(key)$发生冲突时计算另一个哈希函数地址,直到冲突不再产生为止。这种方法不易产生聚集,但增加了计算时间。

3. 链地址法

链地址法的基本思想是将所有哈希地址为 i 的元素构成一个同义词链的单链表,并将单链表的头指针存在哈希表的第 i 个单元中。链地址法适用于经常进行插入和删除的情况,其中的查找、插入和删除操作主要在同义词链中进行。

假设有如下一组关键字:

32,40,36,53,16,46,71,27,42,24,49,64

哈希表长度为 13,哈希函数为:$h(key)=key\%\ 13$,用链地址法处理冲突的结果如图 8-11 所示。

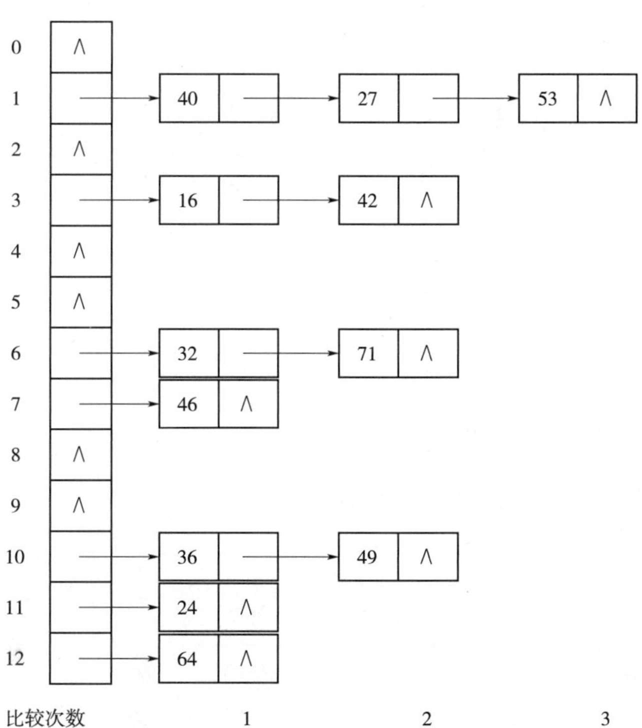

图 8-11　链地址法处理冲突时的哈希表

上组关键字的平均查找长度 ASL=(1×7+2×4+3×1)/12=1.5。

4. 建立公共溢出区

建立公共溢出区的基本思想是将哈希表分为基本表和溢出表两部分,凡是和基本表发生冲突的元素,一律填入溢出表。

8.8.4 哈希表的查找过程

哈希表的查找过程与哈希表的创建过程一样。当想查找关键字为 K 的元素时，首先计算 $p_0=h(K)$，然后根据计算结果来进行处理。

①如果单元 p_0 为空，则不存在所查的元素；

②如果单元 p_0 中元素的关键字为 K，则找到所查元素。

否则重复下述操作来解决冲突过程：按解决冲突的方法，找出下一个哈希地址 p_i，如果单元 p_i 为空，则不存在所查的元素；如果单元 p_i 中元素的关键字为 K，则找到所查元素。

8.8.5 算法演练：在列表中查找数字 38 的位置

在下面的示例文件 haxi.py 中，演示了使用哈希算法在列表中查找数字 38 的位置的过程。首先编写函数 myHash()，功能是使用除留余数法实现哈希算法，其中% 为模 data 的取余运算。然后编写函数 searchHash()在列表中查找数据，使用 while 循环遍历整个列表的内容，如果找到则返回地址。具体实现代码如下：

```
#除法取余法实现的哈希函数
def myHash(data,hashLength,):
    return data % hashLength
#哈希表检索数据
def searchHash(hash,hashLength,data):
    hashAddress=myHash(data,hashLength)
  #指定 hashAddress 存在，但并非关键值，则用开放寻址法解决
    while hash.get(hashAddress) and hash[hashAddress]! =data:
        hashAddress+=1
        hashAddress=hashAddress% hashLength
    if hash.get(hashAddress)==None:
        return None
    return hashAddress

#数据插入哈希表
def insertHash(hash,hashLength,data):
    hashAddress=myHash(data,hashLength)
    #如果 key 存在说明应经被别人占用，需要解决冲突
    while(hash.get(hashAddress)):
        #用开放寻执法
        hashAddress+=1
        hashAddress=myHash(hashAddress,hashLength)
    hash[hashAddress]=data

if __name__=='__main__':
    hashLength=20
    L=[13,29,27,28,26,30,38]
    hash={}
    for i in L:
        insertHash(hash,hashLength,i)
```

```
    result=searchHash(hash,hashLength,38)
    if result:
        print("数据已找到,索引位置在",result)
        print(hash[result])
    else:
        print("没有找到数据")
```

上述代码的实现流程如下：

(1)哈希函数 myHash():用除法取余法来将数据映射到哈希表的索引位置。

(2)函数 searchHash():用于检索哈希表中的数据,根据数据值计算哈希地址。如果该地址已被占用但不是目标数据,使用开放寻址法继续寻找,直到找到目标数据或者遍历完整个哈希表。

(3)函数 insertHash():用于将数据插入哈希表,根据数据值计算哈希地址,如果该地址已被占用,使用开放寻址法解决冲突,找到一个可用的地址后插入数据。

(4)在 if __name__=='__main__'语句块中定义了哈希表的长度 hashLength,以及一个包含一些数据的列表 L。然后,创建一个空的哈希表 hash,并依次将列表中的数据插入哈希表中。

执行后会输出：

```
数据已找到,索引位置在 18
38
```

8.9 斐波那契查找算法

斐波那契查找算法是一种区间中单峰函数的搜索技术,它是在二分查找的基础上根据斐波那契数列进行分割的。本节将简要介绍其基本知识和具体用法。

8.9.1 斐波那契查找算法基础

在介绍斐波那契查找算法之前,我们先介绍一下跟它紧密相连并且大家都熟知的一个概念——黄金分割。黄金分割又称黄金比例,是指事物各部分之间有一定的数学比例关系,即将整体一分为二,较大部分与较小部分之比等于整体与较大部分之比,其比值约为 1：0.618 或 1.618：1。0.618 被公认为最具有审美意义的比例数字,这个数值的作用不仅仅体现在绘画、雕塑、音乐、建筑等艺术领域,而且在管理、工程设计等方面也有着不可忽视的作用。

请看下面数学应用中的斐波那契数列：

1,1,2,3,5,8,13,21,34,55,89,…

在斐波那契数列中,从第三个数开始,后边每一个数都是前两个数的和。我们会发现,随着斐波那契数列的递增,前后两个数的比值会越来越接近 0.618,利用这个特性,我们就可以将黄金分割运用到查找算法中。具体结构图如图 8-12 所示。

斐波那契查找算法是二分查找算法的一种提升,通过运用黄金分割的概念在数列中选择查找点进行查找,提高查找效率。同样地,斐波那契查找也属于有序查找算法。相对于折半查找,斐波那契查找将待比较的 key 值与 mid=(low+high)/2 位置的元素比较,比较结果分为如下三种情况：

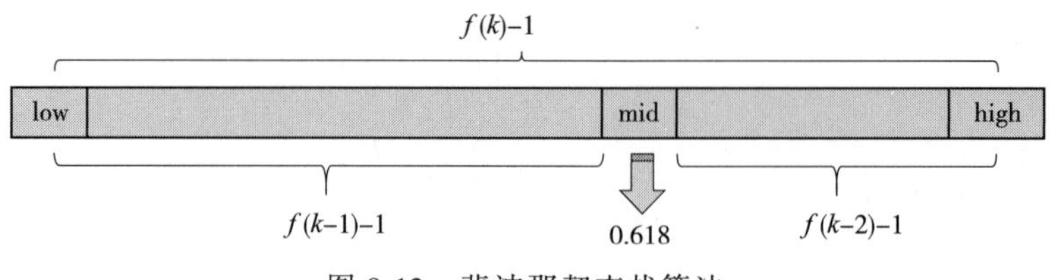

图 8-12　斐波那契查找算法

①相等:mid 位置的元素即为所求;

②大于:low = mid+1;

③小于:high = mid-1。

8.9.2　算法演练:计算顺序查找、二分查找、插值查找和斐波那契查找的时间

在下面的示例文件 feibo02. py 中,分别使用顺序查找算法、二分查找算法、插值查找算法和斐波那契查找算法实现查询操作,并分别这四种查找算法的查询时间。其中函数 sequentialSearch()用来实现顺序查找功能,函数 binarySearch()用来实现二分查找功能,函数 interpolationSearch()用来实现插值查找功能,函数 fibonacciSearch()用来实现斐波那契查找功能。具体实现代码如下:

```
import random,time

class Search:
    def sequentialSearch(self,array,key):
        #顺序查找
        for i in range(len(array)):
            if array[i]==key:
                return i
        return None

    def binarySearch(self,array,key):
        #有序表查找——折半查找
        left=0
        right=len(array)-1
        while left<right:
            if key>=array[left] and key<=array[right]:
                mid=(left+right)//2
                if array[mid]>key:
                    right=mid
                elif array[mid]<key:
                    left=mid
                else:
                    return mid
                continue

    def interpolationSearch(self,array,key):
        #有序表查找——插值查找
```

```
        left=0
        right=len(array)-1
        while left<right:
            if key>=array[left] and key<=array[right]:
                mid=left+int((right-left) * (key-array[left])/(array[right]-
array[left]))
                if array[mid]>key:
                    right=mid
                elif array[mid]<key:
                    left=mid
                else:
                    return mid

    def fibonacciSearch(self,array,key):
        #有序表查找——斐波那契查找
        fibonacci_list=[1,1,2,3,5,8,13,21,34,55,89,144,233,377,610,987,
                        1597,2584,4181,6765,10946,17711,28657,46368]
        n=len(array)
        for i in range(len(fibonacci_list)):
            if fibonacci_list[i]>=n:
                ind=i
                break

        if fibonacci_list[ind]>n:
            array.extend([array[-1]] * (fibonacci_list[ind]-n))

        left=0
        right=fibonacci_list[ind]-1
        while left<right and ind-1>=0 and ind-2>=0:
            mid=left+fibonacci_list[ind-1]
            if array[mid]<key:
                left=mid
                ind-=2
            elif array[mid]>key:
                right=mid
                ind-=1
            else:
                return mid

if __name__=='__main__':
    list=[random.randint(0,999) for i in range(10000)]
    s=Search()
    key=random.randint(0,999)

    start=time.perf_counter()
    index=s.sequentialSearch(list,key)
```

```
    end=time.perf_counter()
    print('顺序查找          ',end-start,'\n','结果:          ',key==list[index])

    list1=sorted(list.copy())
    start=time.perf_counter()
    index=s.binarySearch(list1,key)
    end=time.perf_counter()
    print('二分查找          ',end-start,'\n','结果:          ',key==list1[index])

    list2=sorted(list.copy())
    start=time.perf_counter()
    index=s.interpolationSearch(list2,key)
    end=time.perf_counter()
    print('插值查找          ',end-start,'\n','结果:          ',key==list2[index])

    list3=sorted(list.copy())
    start=time.perf_counter()
    index=s.fibonacciSearch(list3,key)
    end=time.perf_counter()
    print('Fibonacci 查找   ',end-start,'\n','结果:          ',key==list3[index])
```

对上述代码的具体说明如下:

(1)定义了一个名为 Search 的类,其中包含了四种不同的查找算法,分别是顺序查找、二分查找、插值查找和斐波那契查找。

(2)在 if __name__=='__main__'语句块中生成了一个包含 10000 个随机整数的列表 list,以及一个随机整数 key,并创建一个 Search 类的实例 s。

(3)四种查找算法的目的是找到目标值在列表中的索引位置,然后比较执行时间和查找结果是否正确。

执行后会输出:

```
顺序查找              3.0299999999927607e-05
结果:                 True
二分查找              3.4799999999890474e-05
结果:                 True
插值查找              2.920000000017353e-05
结果:                 True
Fibonacci 查找        0.00010500000000002174
结果:                 True
```

8.10 红黑树查找算法

前面介绍的平衡查找树能保证在插入元素之后保持树的平衡状态,在最坏情况下,即所有的子节点都是 2-node,树的高度为 lgn,从而保证了最坏情况下的时间复杂度。但是平衡树实现起来比较复杂,于是就有了一种简单实现平衡树的数据结构,即红黑树。

8.10.1 红黑树查找算法基础

红黑树的基本思想就是对平衡查找树进行编码，尤其是对平衡查找树中的 3-nodes 节点添加额外的信息。红黑树中将节点之间的链接分为两种不同类型：红色链接，链接两个 2-nodes 节点来表示一个 3-nodes 节点；黑色链接，链接普通的 2-3 节点。特别的，使用红色链接的两个 2-nodes 节点来表示一个 3-nodes 节点，并且向左倾斜，即一个 2-node 节点是另一个 2-node 节点的左子节点。这种做法的好处是查找的时候不用做任何修改，和普通的二叉查找树相同。

红黑树的性质有如下五条：

(1) 每个节点或者是黑色，或者是红色；

(2) 根节点是黑色；

(3) 每个叶子节点(NIL)是黑色；

(4) 如果一个节点是红色的，则它的子节点必须是黑色的；

(5) 从一个节点到该节点的子孙节点的所有路径上包含相同数目的黑色节点。

注意：

● 特性 3 中的叶子节点，是只为空(NIL 或 null)的节点。

● 在特性 5 中确保没有一条路径会比其他路径长出两倍。因而，红黑树是相对接近平衡的二叉树。

红黑树的示意图如图 8-13 所示。

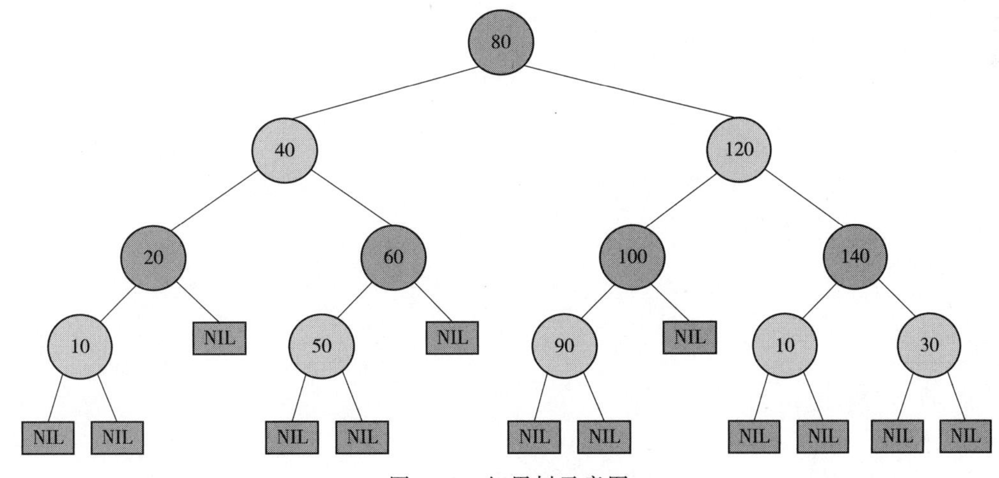

图 8-13　红黑树示意图

8.10.2 算法演练：实现红黑树的基本操作

在下面的示例文件 hong. py 中，演示了实现红黑树的定义、左旋转、右旋转、上色和元素插入等操作的过程。主要功能函数的具体说明如下：

● 函数 RBInsert()，实现红黑树插入操作，插入一个新节点就像在二叉树中插入一个节点一样，但是由于红黑树多了一个颜色属性，因此初始插入的节点的颜色属性为 RED。其原因是在红黑树中插入一个节点时,如果初始插入节点的颜色为 BLACK 时,那么将会破坏红黑树性质 5,而且在修改性质 5 的过程中,需要去遍历每条路径,显然效率是低的;如果初始颜色为 RED 时,那么将会破坏性质 2 和 4,这两条性质的修改相对简单。显然在通过将插入节点初始为 RED 是更高效的操作。

- 函数 LeftRotate():实现红黑树的左旋转操作,逆时针旋转红黑树的两个节点,使得父节点被自己的右孩子取代,而自己成为自己的左孩子。
- 函数 RightRotate():实现红黑树的右旋转操作,顺时针旋转红黑树的两个节点,使得父节点被自己的左孩子取代,而自己成为自己的右孩子。
- 函数 RBDeleteFixup():实现红黑树的删除操作。首先将红黑树当作二叉查找树,将该节点从二叉查找树中删除;然后,通过“旋转和重新着色”等一系列操作来修正该树,使之重新成为一棵红黑树。
- 函数 RBInsertFixup():实现红黑树的上色操作,目的是利用颜色值作为二叉树的平衡对称性的检查,只要插入的节点“着色”满足红黑二色的规定,最短路径与最长路径不会相差的太大,红黑树的节点分布就能基本达到均衡。

示例文件 hong. py 的具体实现代码如下:

```
#定义红黑树
class RBTree(object):
    def __init__(self):
        self.nil=RBTreeNode(0)
        self.root=self.nil
class RBTreeNode(object):
    def __init__(self,x):
        self.key=x
        self.left=None
        self.right=None
        self.parent=None
        self.color='black'
        self.size=None
#左旋转
def LeftRotate(T,x):
    y=x.right
    x.right=y.left
    if y.left ! =T.nil:
        y.left.parent=x
    y.parent=x.parent
    if x.parent==T.nil:
        T.root=y
    elif x==x.parent.left:
        x.parent.left=y
    else:
        x.parent.right=y
    y.left=x
    x.parent=y
```

```
#右旋转
def RightRotate(T,x):
    y=x.left
    x.left=y.right
    if y.right!=T.nil:
        y.right.parent=x
    y.parent=x.parent
    if x.parent==T.nil:
        T.root=y
    elif x==x.parent.right:
        x.parent.right=y
    else:
        x.parent.left=y
    y.right=x
    x.parent=y
#红黑树的插入
def RBInsert(T,z):
    y=T.nil
    x=T.root
    while x!=T.nil:
        y=x
        if z.key<x.key:
            x=x.left
        else:
            x=x.right
    z.parent=y
    if y==T.nil:
        T.root=z
    elif z.key<y.key:
        y.left=z
    else:
        y.right=z
    z.left=T.nil
    z.right=T.nil
    z.color='red'
    RBInsertFixup(T,z)
    return z.key,'颜色为',z.color
#红黑树的上色
def RBInsertFixup(T,z):
    while z.parent.color=='red':
        if z.parent==z.parent.parent.left:
            y=z.parent.parent.right
            if y.color=='red':
                z.parent.color='black'
                y.color='black'
                z.parent.parent.color='red'
                z=z.parent.parent
```

```
            else:
                if z==z.parent.right:
                    z=z.parent
                    LeftRotate(T,z)
                z.parent.color='black'
                z.parent.parent.color='red'
                RightRotate(T,z.parent.parent)
        else:
            y=z.parent.parent.left
            if y.color=='red':
                z.parent.color='black'
                y.color='black'
                z.parent.parent.color='red'
                z=z.parent.parent
            else:
                if z==z.parent.left:
                    z=z.parent
                    RightRotate(T,z)
                z.parent.color='black'
                z.parent.parent.color='red'
                LeftRotate(T,z.parent.parent)
    T.root.color='black'
def RBTransplant(T,u,v):
    if u.parent==T.nil:
        T.root=v
    elif u==u.parent.left:
        u.parent.left=v
    else:
        u.parent.right=v
    v.parent=u.parent
def RBDelete(T,z):
    y=z
    y_original_color=y.color
    if z.left==T.nil:
        x=z.right
        RBTransplant(T,z,z.right)
    elif z.right==T.nil:
        x=z.left
        RBTransplant(T,z,z.left)
    else:
        y=TreeMinimum(z.right)
        y_original_color=y.color
        x=y.right
        if y.parent==z:
            x.parent=y
        else:
            RBTransplant(T,y,y.right)
```

```
            y.right=z.right
            y.right.parent=y
        RBTransplant(T,z,y)
        y.left=z.left
        y.left.parent=y
        y.color=z.color
    if y_original_color=='black':
        RBDeleteFixup(T,x)
#红黑树的删除
def RBDeleteFixup(T,x):
    while x !=T.root and x.color=='black':
        if x==x.parent.left:
            w=x.parent.right
            if w.color=='red':
                w.color='black'
                x.parent.color='red'
                LeftRotate(T,x.parent)
                w=x.parent.right
            if w.left.color=='black'and w.right.color=='black':
                w.color='red'
                x=x.parent
            else:
                if w.right.color=='black':
                    w.left.color='black'
                    w.color='red'
                    RightRotate(T,w)
                    w=x.parent.right
                w.color=x.parent.color
                x.parent.color='black'
                w.right.color='black'
                LeftRotate(T,x.parent)
                x=T.root
        else:
            w=x.parent.left
            if w.color=='red':
                w.color='black'
                x.parent.color='red'
                RightRotate(T,x.parent)
                w=x.parent.left
            if w.right.color=='black'and w.left.color=='black':
                w.color='red'
                x=x.parent
            else:
                if w.left.color=='black':
                    w.right.color='black'
                    w.color='red'
```

```
                LeftRotate(T,w)
                w=x.parent.left
            w.color=x.parent.color
            x.parent.color='black'
            w.left.color='black'
            RightRotate(T,x.parent)
            x=T.root
    x.color='black'
def TreeMinimum(x):
    while x.left != T.nil:
        x=x.left
    return x
#中序遍历
def Midsort(x):
    if x! =None:
        Midsort(x.left)
        if x.key! =0:
            print('key:',x.key,'x.parent',x.parent.key)
        Midsort(x.right)
nodes=[11,2,14,1,7,15,5,8,4]
T=RBTree()
for node in nodes:
    print('插入数据',RBInsert(T,RBTreeNode(node)))
print('中序遍历')
Midsort(T.root)
RBDelete(T,T.root)
print('中序遍历')
Midsort(T.root)
RBDelete(T,T.root)
print('中序遍历')
Midsort(T.root)
```

执行后会输出：

```
插入数据(11,'颜色为','black')
插入数据(2,'颜色为','red')
插入数据(14,'颜色为','red')
插入数据(1,'颜色为','red')
插入数据(7,'颜色为','red')
插入数据(15,'颜色为','red')
插入数据(5,'颜色为','red')
插入数据(8,'颜色为','red')
插入数据(4,'颜色为','red')
中序遍历
key:1 x.parent 2
key:2 x.parent 7
key:4 x.parent 5
```

```
key:5 x.parent 2
key:7 x.parent 0
key:8 x.parent 11
key:11 x.parent 7
key:14 x.parent 11
key:15 x.parent 14
中序遍历
key:1 x.parent 2
key:2 x.parent 8
key:4 x.parent 5
key:5 x.parent 2
key:8 x.parent 0
key:11 x.parent 14
key:14 x.parent 8
key:15 x.parent 14
中序遍历
key:1 x.parent 2
key:2 x.parent 11
key:4 x.parent 5
key:5 x.parent 2
key:11 x.parent 0
key:14 x.parent 11
key:15 x.parent 14
```

8.11　算法演练:解决图书馆书籍查找和借阅问题

图书馆书籍查找问题的背景是模拟图书馆管理系统的一些基本功能,在一个图书馆中通常有一大批书籍,而读者需要能够快速查找到特定的书籍并借阅它们。

8.11.1　问题介绍

在图书馆中,书籍可以处于两种状态之一:可供借阅或已被借出。当读者想要查找一本书时,他们通常会提供书名并期望知道书籍是否可供借阅。一旦读者找到了一本他们想要的书,他们可以选择借阅该书。然而,只有可供借阅的书籍才能够被借出,已借出的书籍不能再次借阅。请编写一个 Python 程序,模拟图书馆书籍的查找和借阅操作。

8.11.2　算法分析

首先,需要创建一个包含书籍状态的哈希表,其中键是书名,值是布尔值。如果书籍可供借阅,则对应值为 True,否则为 False。然后需要实现以下两个功能:

(1)查找书籍状态

编写函数 search_library(library_dict,target_book),其中 library_dict 是包含书籍状态的哈希表,target_book 是要查找的书名。这个函数应该返回书籍的状态,如果书籍在图书馆中,返回 True,否则返回 False。

(2)借阅图书

编写函数 borrow_book(library_dict,target_book),其中 library_dict 是包含书籍状态的哈希表,target_book 是要借阅的书名。如果书籍可供借阅(状态为 True 则将其借出,状态设为 False,表示已借出,并返回消息“借阅成功”。如果书籍不在图书馆中或已被借出,返回相应的提示消息。

使用上述两个函数模拟图书馆的查找和借阅功能,并根据以下情况进行测试:

- 查找一本存在于图书馆中的书籍;
- 查找一本不存在于图书馆中的书籍;
- 尝试借阅一本可供借阅的书籍;
- 尝试借阅一本已被借出的书籍;
- 尝试借阅一本不存在于图书馆中的书籍。

8.11.3 具体实现

根据上面的算法分析编写示例文件 book.py,具体实现代码如下:

```
import datetime

#创建图书馆的哈希表
def create_library_dict():
    library_dict={
        'Book1':True,
        'Book2':True,
        'Book3':True,
        'Book4':True,
        'Book5':False,
        'Book6':True,
        'Book7':False,
        'Book8':True,
        'Book9':True,
        'Book10':False
    }
    return library_dict

#查找图书是否在图书馆中
def search_library(library_dict,target_book):
    if target_book in library_dict:
        return library_dict[target_book]

#借阅图书
def borrow_book(library_dict,target_book):
    if target_book in library_dict:
        if library_dict[target_book]:
            library_dict[target_book]=False
            return f"{target_book}借阅成功."
```

```
        else:
            return f"{target_book}已被借出."
    else:
        return f"{target_book}不存在于图书馆."

#创建图书馆的哈希表
library_dict=create_library_dict()

#要查找的目标书籍
target_book='Book1'

#查找书籍是否在图书馆中
book_status=search_library(library_dict,target_book)
if book_status:
    print(f"{target_book}在图书馆中.")
    #借阅书籍
    borrow_result=borrow_book(library_dict,target_book)
    print(borrow_result)
else:
    print(f"{target_book}不在图书馆中或不存在.")

#打印图书馆状态
print("图书馆状态:")
for book,status in library_dict.items():
    if status:
        print(f"{book}:在库")
    else:
        print(f"{book}:已借出")
```

在本示例中，使用哈希表实现的查找算法的时间复杂度通常为 $O(1)$，因为它可以在常量时间内查找元素。但是，在其他查找算法中（如二分查找），时间复杂度可能是 $O(\log_2 n)$（有序数据集）或 $O(n)$（无序数据集）。在本示例中，使用哈希表的空间复杂度是 $O(n)$，其中 n 是数据集中的元素数量。

第 9 章　排序算法

排序是指针对一连串数据按照其中的某个或某些关键字的大小,以递增或递减的顺序排列起来的操作。排序算法是将一系列数据按照要求进行排列的方法,小到成绩排序,大到大数据处理,排序算法在很多领域中发挥了十分重要的作用。本章将详细讲解排序算法的知识,并通过具体实例的实现过程来讲解其使用流程。

9.1　排序算法基础

所谓排序算法,是指通过特定的算法因式将一组或多组数据按照既定模式进行重新排序。这种新序列遵循着一定的规则,体现出一定的规律,因此,经处理后的数据便于筛选和计算,大大提高了计算效率。

对于排序,我们首先要求其具有一定的稳定性,即当两个相同的元素同时出现于某个序列之中,则经过一定的排序算法之后,两者在排序前后的相对位置不发生变化。换言之,即便是两个完全相同的元素,它们在排序过程中也是各有区别的。

根据使用频率,在表 9-1 中总结了常用排序算法的分类和时间复杂度信息。

表 9-1　常用排序算法的分类和时间复杂度

排序算法	平均时间复杂度	稳定性
冒泡排序	$O(n^2)$	稳定
选择排序	$O(n^2)$	不稳定
插入排序	$O(n^2)$	稳定
希尔排序	$O(n^{1.5})$	不稳定
快速排序	$O(n\log_2 n)$	不稳定
归并排序	$O(n\log_2 n)$	稳定
堆排序	$O(n\log_2 n)$	不稳定
基数排序	$O(d(n+r))$	稳定

关于稳定性的说明:如果 a 原本在 b 前面,且 $a=b$,排序之后 a 仍然在 b 的前面,这就是稳定的。

9.2　插入排序算法

插入排序的基本思想是每一步将下一个待排序的记录有序插入到已排好序的记录子集

中,直到将所有待排记录全部插入完毕。例如打扑克牌时的抓牌过程就是一个典型的插入排序,每抓一张牌,都需要将这张牌插入到合适位置,一直到抓完牌为止,从而得到一个有序序列。

插入排序是一种简单直观且稳定的排序算法。它适用于少量数据的排序,时间复杂度 $O(n^2)$。插入算法把要排序的数组分成两部分:第一部分包含了这个数组的所有元素,但最后一个元素除外(让数组多一个空间才有插入的位置),而第二部分就只包含这一个元素(即待插入元素)。在第一部分排序完成后,再将这个最后元素插入到已排好序的第一部分中。

将插入排序算法分为直接插入排序算法、二分插入排序算法(又称折半插入排序算法)和链表插入排序算法三类。本节中主要讲述直接插入排序算法。

9.2.1　直接插入排序算法

直接插入排序算法是一种最基本的插入排序方法,能够将第 i 个记录插入到前面 $i-1$ 个已排好序的记录中,具体插入过程如下所示:

将第 i 个记录的关键字 K_i 顺序与其前面记录的关键字 $K_{i-1}, K_{i-2}, \cdots, K_1$ 进行比较,将所有关键字大于 K_i 的记录依次向后移动一个位置,直到遇见关键字小于或者等于 K_i 的记录 K_j。此时 K_j 后面必为空位置,将第 i 个记录插入空位置即可。完整的直接插入排序是从 $i=2$ 开始,也就是说,将第 1 个记录作为已排好序的单元素子集合,然后将第二个记录插入到单元素子集合中。将 i 从 2 循环到 n,即可实现完整的直接插入排序。

假设待排序记录保存在 r 中,需要设置一个监视哨 $r[0]$,使得 $r[0]$ 始终保存待插入的记录,其目的是能够提高效率。此处设置监视哨有如下两个作用:

①备份待插入的记录,以便前面关键字较大的记录后移;

②防止越界,这一点与顺序查找法中监视哨的作用相同。

例如下图 9-1 展示了一个直接插入排序实例的实现过程。

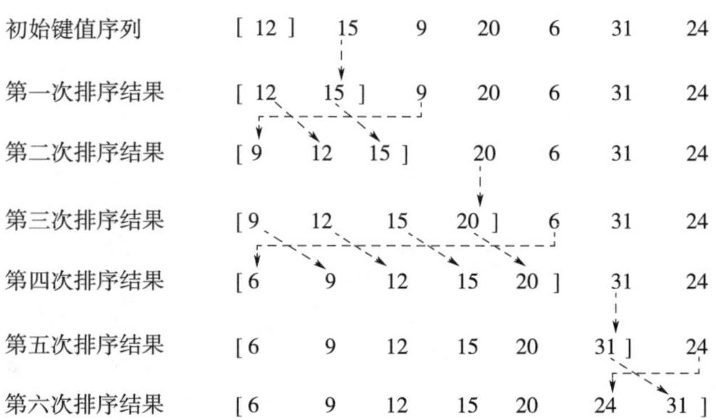

图 9-1　直接插入排序算法示例

9.2.2　算法演练:排序一个列表

下面将通过一个示例的实现过程,详细讲解编写直接插入排序算法的具体方法。假设待排序的列表为[49,38,65,97,76,13,27,49],则比较的步骤和得到的新列表如下:

待排序列表:[49,38,65,97,76,13,27,49]

第一次比较后:[***<u>38</u>***,49,65,97,76,13,27,49]中第二个元素(38)与之前的元素进行比较,发现 38 较小,进行交换。

第二次比较后:[38,49,65,97,76,13,27,49]中第三个元素(65)大于前一个元素(49),所以不进行交换操作,直接到下一个元素比较。

第三次比较后:[38,49,65,97,76,13,27,49]和第二次比较类似。

第四次比较后:[38,49,65,***<u>76</u>***,97,13,27,49]当前元素(76)比前一元素(97)小,(97)后移,(76)继续与(65)比较,发现当前元素比较大,执行插入。

第五次比较后:[***<u>13</u>***,38,49,65,76,97,27,49]。

第六次比较后:[13,***<u>27</u>***,38,49,65,76,97,49]。

第七次比较后:[13,27,38,49,***<u>49</u>***,65,76,97]。

注意:带有灰色底色的列表段是已经排序好的,用加粗+斜体+下画线标注的是执行插入并且进行过交换的元素。

在下面的示例文件 zhicha.py 中,演示了使用直接插入排序算法排序上述数据的过程。

```
def InsertSort(myList):
    #获取列表长度
    length=len(myList)

    for i in range(1,length):
        #设置当前值前一个元素的标识
        j=i-1

        #如果当前值小于前一个元素,则将当前值作为一个临时变量存储,将前一个元素后移一位
        if(myList[i] < myList[j]):
            temp=myList[i]
            myList[i]=myList[j]

            #继续往前寻找,如果有比临时变量大的数字,则后移一位,直到找到比临时变量小的元素或者达到列表第一个元素
            j=j-1
            while j >=0 and myList[j] > temp:
                myList[j+1]=myList[j]
                j=j-1

            #将临时变量赋值给合适位置
            myList[j+1]=temp


myList=[49,38,65,97,76,13,27,49]
InsertSort(myList)
print(myList)
```

执行后会输出：

```
[13,27,38,49,49,65,76,97]
```

9.2.3　算法演练：升序和降序排列某列表中的元素

在下面的示例文件 zhicha01. py 中，使用直接插入排序算法编写了升序排列函数 Zhijie_Px()和降序排列函数 Zhijie_Px2()。具体原理是假定前 i 个元素构成的子序列处于已排序的情况下，然后将第 i 个元素与前 i 个元素构成的子序列逆序进行比较。如果是要升序排序，则比较第 i 个元素是否比 $j=i-1(i-1\geqslant 0)$ 的元素大，如果是则第 i 个元素的位置（即 $j+1$ 的位置上）保持不动，反之则将 $j=i-1$ 的元素放置到 i 的位置，再进行第 i 个元素与 $j=i-2(i-2\geqslant 0)$ 比较，依次进行。如果第 i 个元素刚好比 $j=i-3$ 位置上的元素大，则将第 i 个元素插入到 $j=i-2$（即 $j+1$ 的位置）上。文件 zhicha01. py 的具体实现代码如下：

```
#升序排列
def Zhijie_Px(arr):

    for i in range(1,len(arr)):
        if arr[i]<arr[i-1]:
        temp=arr[i]
            j=i-1
            while arr[j]>temp and j>=0:
                arr[j+1]=arr[j]
                j-=1
            arr[j+1]=temp
    print(arr)

#降序排列
def Zhijie_Px2(arr):
    for i in range(1,len(arr)):
        if arr[i]>arr[i-1]:
            temp=arr[i]
            j=i-1
            while arr[j]<temp and j>=0:
                arr[j+1]=arr[j]
                j-=1
            arr[j+1]=temp
    #arr=arr[::-1]
    print(arr)

Zhijie_Px([88,78,65,156,239,43])

Zhijie_Px2([88,78,65,156,239,43])
```

执行后会分别输出显示升序排列和降序排列后的结果：

```
[43,65,78,88,156,239]
[239,156,88,78,65,43]
```

9.3 希尔排序

希尔排序又称为缩小增量排序法,是一种基于插入思想的排序方法。在本节的内容中,将详细讲解希尔排序算法的基本知识和具体用法。

9.3.1 希尔排序算法基础

希尔排序算法利用了直接插入排序算法的最佳性质,首先将待排序的关键字序列分成若干个较小的子序列,然后对子序列进行直接插入排序操作。经过上述调整,整个序列中的记录已经基本有序,最后对全部记录进行一次直接插入排序。在时间耗费上,与直接插入排序算法相比,希尔排序算法极大地改进了排序性能。

希尔排序在具体实现时,首先选定两个记录间的距离 d_1,在整个待排序记录序列中将所有间隔为 d_1 的记录分成一组,然后在组内进行直接插入排序。接下来取两个记录间的距离 d_2,注意 $d_2>d_1$,在整个待排序记录序列中,将所有间隔为 d_2 的记录分成一组,进行组内直接插入排序,一直到选定两个记录间的距离 $d_t=1$ 为止。此时只有一个子序列,即整个待排序记录序列。

图 9-2 给出了一个希尔排序算法的具体实现过程。

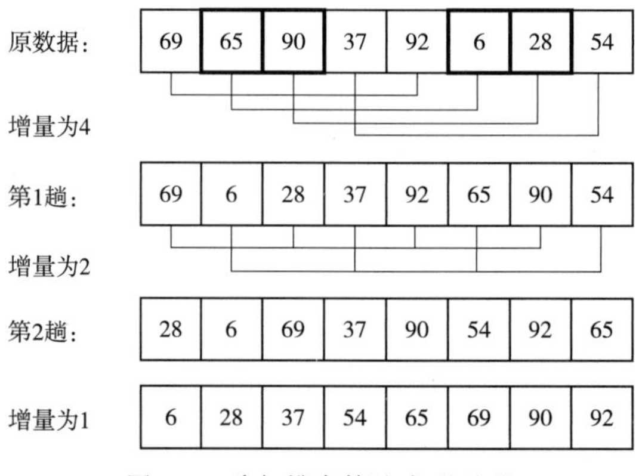

图 9-2　希尔排序算法实现过程

9.3.2 算法演练:由小到大排序列表 array 中的数据

在下面的示例文件 xier. py 中,演示了希尔排序步骤的具体过程。其中函数 ShellInsetSort() 实现了直接插入排序功能,具体代码如下:

```
def ShellInsetSort(array,len_array,dk):  #直接插入排序
    for i in range(dk,len_array):  #从下标为 dk 的数进行插入排序
        position=i
        current_val=array[position]  #要插入的数

        index=i
        j=int(index / dk)  #index 与 dk 的商
    index=index-j * dk
```

```
        # while True:  #找到第一个的下标,在增量为 dk 中,第一个的下标 index 必然 0<=
index<dk
        # position>index,要插入的数的下标必须得大于第一个下标
        while position > index and current_val < array[position-dk]:
            array[position]=array[position-dk]  #往后移动
            position=position-dk
        else:
            array[position]=current_val


def ShellSort(array,len_array):  #希尔排序
    dk=int(len_array/2)  #增量
    while(dk>=1):
        ShellInsetSort(array,len_array,dk)
        print(">>:",array)
        dk=int(dk/2)

if __name__=="__main__":
    array=[49,38,65,97,76,13,27,49,55,4]
    print(">:",array)
    ShellSort(array,len(array))
```

执行后会输出：

```
>:[49,38,65,97,76,13,27,49,55,4]
>>:[13,27,49,55,4,49,38,65,97,76]
>>:[4,27,13,49,38,55,49,65,97,76]
>>:[4,13,27,38,49,49,55,65,76,97]
```

其中,第二次排序结果如图 9-3 所示。

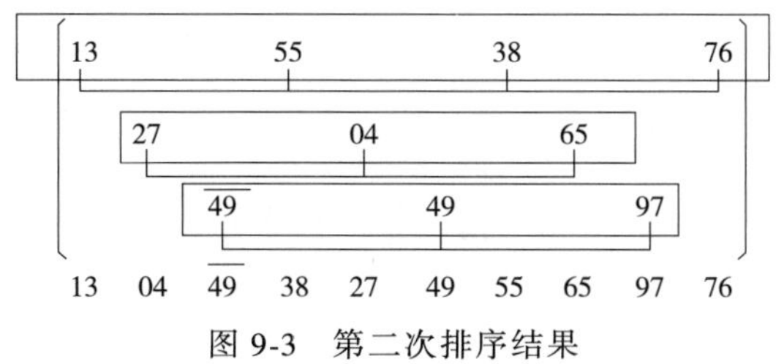

图 9-3　第二次排序结果

接下来对图 9-3 三个框中的数进行插入排序,例如排列[13,55,38,76],先看 13,因为 13<55 成立,所以不用移动。接着看 38,因为 38<55,那么 55 后移,此时的数据变为[13,55,38,76],接着比较,由于 38<55,那么 38 替换 55,最后变成[13,38,55,76]。其他两个框的排列过程类似。这里有一个问题,比如第二个框[27,4,65],由于 4<27,那 27 往后移,接着 4 就替换第一个,数据变成[4,27,65],但是计算机怎么知道 4 就是在第一个呢？先找出[27,4,65]第一个数的下标,在这个例子中 27 的下标为 1。当要插入的数的下标大于第一个数的下标 1 时,才可以往后移,前一个数不可以往后移有两种情况,一种是前面有数据,且小于要插入的数,那只能插在它后面。另一种是当要插入数比前面所有数都小时,那插入数肯定是放在第一个,此时要插入数的下标等于第一个数的下标。

为了找到第一个数的下标,大多数人的想法是用如下类似的循环:

```
while True:#找到第一个的下标,在增量为 dk 中,第一个的下标 index 必然 0<=index<dk
    index=index-dk
    if 0<=index and index <dk:
        break
```

此时调试会发现用循环太浪费时间了,特别是当增量 $d=1$ 时,直接插入排序为了插入列表最后一个数,循环减 1,直到第一个数的下标为止。我们可以用如下代码来解决:

```
j=int(index / dk)  #index 与 dk 的商
index=index-j * dk
```

注意:希尔排序和插入排序谁更快。

说到谁更快,本来应该是希尔排序快一点,它是在插入排序的基础上处理的,减少了数据移动次数,但是笔者编写了很多个程序测试后,发现插入排序总是比希尔排序更快一些,这是为什么呢?其实希尔排序实际上是对插入排序的一种优化,主要是为了节省数组移动的次数。希尔排序在数字比较少的情况下显得并不是十分优秀,但是对于大数据量来说,它要比插入排序效率高得多。后来编写大型程序进行测试后,发现希尔排序更快。由此可以建议读者,简单程序用插入排序,大型程序用希尔排序。

9.4 交换类排序:冒泡排序算法

顾名思义,交换类排序算法是一种基于交换的排序方法,能够通过交换逆序元素进行排序。在现实应用中,最常用的交换类排序算法有冒泡排序算法和快速排序算法。在本节的内容中,将首先详细介绍使用冒泡排序算法的方法。

9.4.1 冒泡排序算法基础

冒泡排序算法的基本思想是从头扫描待排序记录序列,在扫描的过程中顺次比较相邻的两个元素的大小,通过交换元素逐步将待排序序列变成有序序列。下面以升序为例介绍排序过程。

(1)在第一次排序中,对 n 个记录进行如下操作:

①对相邻的两个记录的关键字进行比较,如果逆序就交换位置;

②在扫描的过程中,不断向后移动相邻两个记录中关键字较大的记录;

③将待排序记录序列中的最大关键字记录交换到待排序记录序列的末尾,这也是最大关键字记录应在的位置。

(2)进行第二次冒泡排序,对前 $n-1$ 个记录进行同样的操作,其结果是使次大的记录被放在第 $n-1$ 个记录的位置上。

(3)继续进行排序工作,在后面几次的升序处理也反复遵循上述过程,直到排好顺序为止。如果在某一趟冒泡排序过程中没有发现一个逆序,就可以马上结束冒泡排序。整个冒泡过程最多可以进行 $n-1$ 次,图 9-4 演示了一个完整的冒泡排序过程。

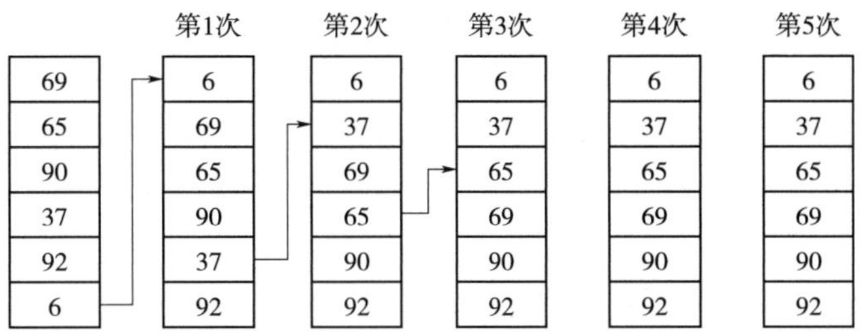

图 9-4 冒泡排序过程示例

9.4.2 算法演练:从大到小排序列表 list 中的数字

在下面的示例文件 easy.py 中,演示了实现从大到小的冒泡排序过程。通过 for 循环逐一比较两个相邻的数字,将大的数字放前面,将小的数字放后面,具体实现代码如下:

```
a_list=[1,2,3,4,5,6]

for t in range(len(a_list)-1):
    #外层循环,控制比较次数,最多需要 len(a_list)-1 次比较
    for i in range(0,len(a_list)-1):
        #内层循环,遍历列表中的元素
        tmp=a_list[i]  #保存当前元素的值
        if a_list[i] < a_list[i+1]:
  #如果当前元素比下一个元素小
            a_list[i]=a_list[i+1]  #交换两个元素的位置
            a_list[i+1]=tmp

print(a_list)  #打印排序后的列表
```

执行后会输出:

```
[6,5,4,3,2,1]
```

9.4.3 算法演练:音乐播放列表排序

在实际应用中,用户可以根据个人偏好对音乐进行排序,以创建个性化的播放列表。

1. 问题介绍

假设你是一名软件工程师,需要开发一个音乐播放列表管理器。任务是实现排序功能,让用户能够根据不同的标准对音乐列表进行排序。

(1)任务

①给定一个包含音乐信息的列表(music_playlist),每首音乐的信息包括标题(title)、艺术家(artist)、专辑(album)和发行日期(release_date)。

②请编写一个自定义排序函数,该函数接受音乐列表和一个用于确定排序标准的函数(key_function)作为参数,然后对音乐列表进行排序。

③四个排序标准:根据歌曲名称排序、根据艺术家排序、根据专辑排序、根据发行日期排序。

④编写一个程序,用户可以选择排序标准,然后根据选择的标准对音乐列表进行排序。最终,打印排序后的音乐播放列表。

(2)要求

使用冒泡排序算法或其他自定义排序算法,不使用 Python 内置的 sorted()函数或 sort()方法。代码必须按照用户选择的排序标准正确排序音乐列表,必须能够正确打印排序后的音乐列表。

2. 算法分析

具体的算法分析如下:

(1)用户选择排序标准(歌曲名称、艺术家、专辑、发行日期)。

(2)根据用户选择的排序标准,调用相应的自定义排序函数来排序音乐播放列表。

(3)自定义排序函数,使用冒泡排序算法进行排序。冒泡排序是一种简单的比较排序算法,它多次遍历音乐列表,比较相邻的音乐信息并根据排序标准交换它们的位置,直到整个列表排序完成。对于每次遍历,如果需要根据排序标准交换两首音乐的位置,冒泡排序算法将执行交换操作。

(4)音乐列表将在多次遍历后按照用户选择的排序标准完成排序,最终排序后的音乐列表将打印出来供用户查看。

3. 具体实现

根据上面的算法分析编写程序文件 song.py,具体实现代码如下:

```
#定义音乐列表
music_playlist=[
    {'title':'Song A','artist':'Artist X','album':'Album 1','release_date':'2022-03-15'},
    {'title':'Song B','artist':'Artist Y','album':'Album 2','release_date':'2021-05-20'},
    {'title':'Song C','artist':'Artist X','album':'Album 1','release_date':'2023-01-10'},
  {'title':'Song D','artist':'Artist Z','album':'Album 3','release_date':'2021-09-30'},
    {'title':'Song E','artist':'Artist Y','album':'Album 2','release_date':'2022-07-05'},
]

def custom_bubble_sort(playlist,key_function):
    n=len(playlist)
    for i in range(n):
        for j in range(0,n-i-1):
            if key_function(playlist[j]) > key_function(playlist[j+1]):
                playlist[j],playlist[j+1]=playlist[j+1],playlist[j]

def print_music_playlist(playlist):
    for song in playlist:
        print(f"Title:{song['title']},Artist:{song['artist']},Album:{song['
album']},Release Date:{song['release_date']}")

#用户选择排序标准
print("选择排序标准:")
print("1. 根据歌曲名称排序")
print("2. 根据艺术家排序")
print("3. 根据专辑排序")
print("4. 根据发行日期排序")
```

```
    choice=int(input("请输入选项:"))

    #根据用户选择排序音乐播放列表
    if choice==1:
        custom_bubble_sort(music_playlist,key_function=lambda x:x['title'])
    elif choice==2:
        custom_bubble_sort(music_playlist,key_function=lambda x:x['artist'])
    elif choice==3:
        custom_bubble_sort(music_playlist,key_function=lambda x:x['album'])
    elif choice==4:
        custom_bubble_sort(music_playlist,key_function=lambda x:x['release_
date'])
    else:
        print("无效选项")

    #打印排序后的音乐播放列表
    print("排序后的音乐播放列表:")
    print_music_playlist(music_playlist)
```

通过上述例子,我们可以对在实例中用到的冒泡排序算法进行总结:

(1)复杂度分析

①时间复杂度:冒泡排序是一种简单的排序算法,其最坏情况下的时间复杂度为 $O(n^2)$,其中 n 是音乐播放列表中的音乐数量。这意味着在最坏情况下,排序算法将执行 $n(n-1)/2$ 次比较和交换操作。

②空间复杂度:冒泡排序的空间复杂度为 $O(1)$,因为它只需要少量额外的空间来存储中间变量和索引。

(2)算法优点和缺点

①优点:实现简单,易于理解和编写。适用于小型数据集,对于小规模的音乐播放列表排序效率良好。

②缺点:在大规模数据集上的性能较差,时间复杂度高。对于已经有序的列表,仍然需要进行多次遍历,浪费时间。

9.5　交换类排序:快速排序算法

快速排序算法是对冒泡排序算法的一种改进,其基本思想是通过一次排序就将要排序的数据分割成独立的两部分,其中一部分的所有数据都比另外一部分的所有数据都要小,然后再按此方法对这两部分数据分别进行快速排序,整个排序过程可以递归进行,以此达到整个序列变成有序序列。

9.5.1　快速排序算法基础

在冒泡排序算法中,扫描时只比较相邻的两个元素,所以在互换两个相邻元素时只能消除一个逆序。其实我们也可以对两个不相邻的元素进行交换,这样做的好处是消除待排序记录中的多个逆序,这样会加快排序的速度。由此可见,快速排序方法就是通过一次交换消除多个逆序的过程。

快速排序的基本思想如下:

①从待排序记录序列中选取一个记录,通常选取第一个记录,将其关键字设为 K_1;

②将关键字小于 K_1 的记录移到其前面,将关键字大于 K_1 的记录移到其后面,结果会将待排序记录序列分成两个子表;

③将关键字为 K_1 的记录插到其分界线的位置。

可以对分割后的子表继续按上述原则进行分割,直到所有子表的表长不超过 1 为止,此时待排序记录序列就变成了一个有序表。

上述排序过程如图 9-5 所示。

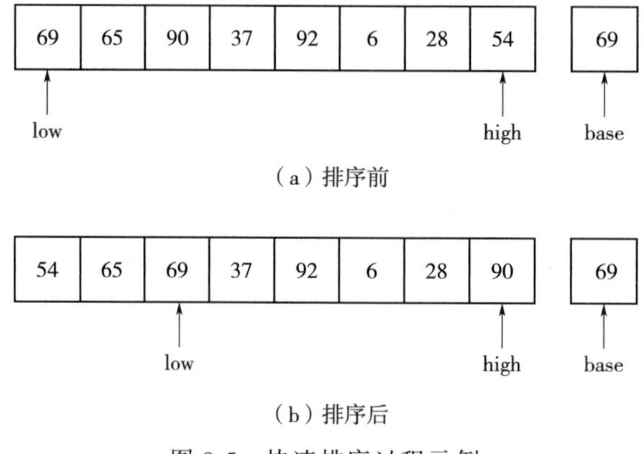

(a) 排序前

(b) 排序后

图 9-5　快速排序过程示例

注意:快速排序的时间耗费和需要使用的递归调用深度的次数有关。具体来说,快速排序的时间耗费分为最好情况、最坏情况和一般情况三种。其中一般情况介于最好情况和最坏情况之间,没有讨论的必要,接下来将重点讲解最好和最坏这两种情况:

①最好情况:每趟将序列一分两半,正好在表中间,将表分成两个大小相等的子表。这类似于折半查找,此时 $T(n) \approx O(n\log_2 n)$;

②最坏情况:当待排序记录已经排序时,算法的执行时间最长。第一次经过 $n-1$ 次比较,将第一个记录定位在原来的位置上,并得到一个包括 $n-1$ 个记录的子文件;第二次经过 $n-2$ 次比较,将第二个记录定位在原来的位置上,并得到一个包括 $n-2$ 个记录的子文件。这时的总比较次数为:

$$\sum_{i=1}^{n-1}(n-i)+(n-2)+\cdots+1=\frac{n(n-1)}{2}\approx\frac{n^2}{2}$$

9.5.2　算法演练:由小到大排列数组 array 中的数字

在下面的示例文件 k. py 中,演示了实现基本的快速排列的过程。其中函数 sub_sort()对数组进行了分组,前面的分组向前搜索排序,后面的分组向后搜索排序。函数 quick_sort()调用函数 sub_sort()实现了快速排序功能。具体实现代码如下:

```
def sub_sort(array,low,high):
    """
    对数组 array 的指定部分进行排序,并返回分区后基准元素的索引
    """
    key=array[low]  #选择第一个元素作为基准元素
    while low < high:
        while low < high and array[high] >=key:
            high-=1
        while low < high and array[high] < key:
            array[low]=array[high]
            low+=1
            array[high]=array[low]
    array[low]=key  #基准元素归位
    return low
def quick_sort(array,low,high):
    """
    快速排序算法
    """
    if low < high:
        key_index=sub_sort(array,low,high)  #获取基准元素的索引
        quick_sort(array,low,key_index)  #对左侧部分进行快速排序
        quick_sort(array,key_index+1,high)  #对右侧部分进行快速排序

if __name__=='__main__':
    array=[8,10,9,6,4,16,5,13,26,18,2,45,34,23,1,7,3]
    print("原始数组:",array)
    quick_sort(array,0,len(array)-1)  #调用快速排序函数
    print("排序后数组:",array)
```

执行后会输出：

```
[8,10,9,6,4,16,5,13,26,18,2,45,34,23,1,7,3]
[1,2,3,4,5,6,7,8,9,10,13,16,18,23,26,34,45]
```

9.6　选择排序算法

在选择排序算法中,每一次从待排序的元素中选出关键字最小的元素,顺序放在已排好序的子文件的最后,直到排序完全部元素为止。常用的选择排序算法有直接选择排序算法和树形选择排序算法两种。

9.6.1　直接选择排序算法基础

直接选择排序又被称为简单选择排序,第 i 趟简单选择排序是指通过 $n-i$ 次关键字的比较,从 $n-i+1$ 个记录中选出关键字最小的元素,并与第 i 个元素进行交换。这样共需进行 $i-1$ 次比较,直到排序完成所有元素为止。例如当进行第 i 次选择时,从当前候选元素中选出关键字最小的 k 号元素,并与第 i 个元素进行交换。

对拥有 n 个元素的文件进行直接选择排序,其经过 $n-1$ 次直接选择排序可以得到一个有序的结果。具体排序流程如下:

①在初始状态,无序区为 $R[1,\cdots,n]$,有序区为空。

②实现第 1 次排序。在无序区 $R[1,\cdots,n]$ 中选出关键字最小的元素 $R[k]$,将它与无序区的第 1 个元素 $R[1]$ 交换,使 $R[1,\cdots,n]$ 和 $R[2,\cdots,n]$ 分别变为元素个数增加 1 个的新有序区和元素个数减少 1 个的新无序区。

③实现第 i 次排序。在开始第 i 次排序时,当前有序区和无序区分别是 $R[1,\cdots,i-1]$ 和 $R[i,\cdots,n]$ $(1\leqslant i\leqslant n-1)$。该次排序会从当前无序区中选出关键字最小的元素 $R[k]$,将它与无序区的第 1 个元素 $R[i]$ 进行交换,使 $R[1,\cdots,i]$ 和 $R[i+1,\cdots,n]$ 分别变为元素个数增加 1 个的新有序区和元素个数减少 1 个的新无序区。

这样,n 个元素文件经过 $n-1$ 次直接选择排序后,会得到有序结果。

9.6.2 树形选择排序算法基础

在直接选择排序中,首先从 n 个元素中选择关键字最小的元素进行 $n-1$ 次比较,在 $n-1$ 个元素中选择关键字最小的元素进行 $n-2$ 次比较……每次都没有利用上次比较的结果,所以比较操作的时间复杂度为 $O(n^2)$。如果想降低比较的次数,需要保存比较过程中的大小关系。

树形选择排序算法基本思想如下:

(1)两两比较待排序的 n 个元素的关键字,并取出较小者。

(2)在 $n/2$ 个较小者中,采用同样的方法比较选出每两个中的较小者。

如此反复上述操作,直至选出最小关键字元素为止。用一棵有 n 个节点的树来表示,选出的最小关键字元素就是这棵树的根节点。当输出最小关键字之后,为了选出次小关键字,设置根节点(即最小关键字元素所对应的叶节点)的关键字值为∞,然后再进行上述的过程,直到所有的元素全部输出为止。

例如存在数据:49,38,65,97,76,13,27,49。如果从上述 8 个数据中选出最小数据,具体实现过程如图 9-6 所示。

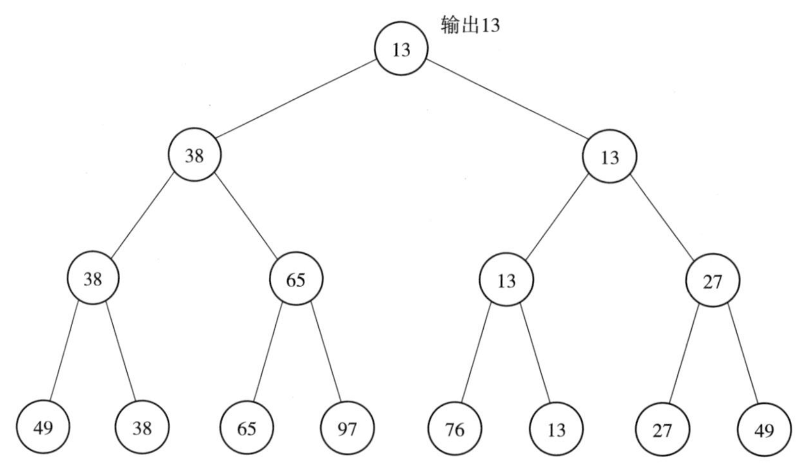

图 9-6 树形排序算法过程

在树形选择排序中，被选中的关键字都是进行了一次由叶节点到根节点的比较过程，因为含有 n 个叶节点的完全二叉树的深度为 $\lceil \log_2 n \rceil+1$，所以在树形选择排序中，每当选择一个关键字都需要进行 $\log_2 n$ 次比较，其时间复杂度为 $O(\log_2 n)$。因为移动元素次数不超过比较次数，所以总的算法时间复杂度为 $O(n\log_2 n)$。与直接选择排序相比，树形选择排序降低了比较次数的数量级，增加了 $n-1$ 个存放中间比较结果的额外存储空间，并同时附加了与 ∞ 进行比较的时间耗费。

9.6.3　算法演练—使用直接选择排序算法排序一个列表

在下面的示例文件 qiu. py 中，演示了实现直接选择排序操作的过程。首先使用 for 循环遍历列表中的元素，每一次遍历都选出其中最小的元素放在前面，一直到排序结束。具体实现代码如下：

```
def selectedSort(myList):
    #获取 list 的长度
    length=len(myList)
    #一共进行多少轮比较
    for i in range(0,length-1):
        #默认设置最小值得 index 为当前值
        smallest=i
        #用当先最小 index 的值分别与后面的值进行比较,以便获取最小 index
        for j in range(i+1,length):
            #如果找到比当前值小的 index,则进行两值交换
            if myList[j]<myList[smallest]:
                tmp=myList[j]
                myList[j]=myList[smallest]
                myList[smallest]=tmp
        #打印每一轮比较好的列表
        print("Round ",i,":",myList)
myList=[1,4,5,0,6]
print("Selected Sort:")
selectedSort(myList)
```

执行后会输出：

```
Selected Sort:
Round  0:  [0,4,5,1,6]
Round  1:  [0,1,5,4,6]
Round  2:  [0,1,4,5,6]
Round  3:  [0,1,4,5,6]
```

9.6.4　算法演练：比较直接选择排序算法和 Python 内置函数的效率

在下面的示例文件 pai. py 中，演示了直接选择排序算法和 Python 内置函数的效率对比的过程。在本示例中用到了 Python 内置的 sort()函数，通过“assert ssort. items = = items”代码行来验证选择排序算法运行结果的正确性。并且加了 timer 功能，来比较直接排序算法和 Python 自带的 sort()函数的运行时间。具体实现代码如下：

```
class SelectionSort(object):
    items=[]  #创建一个类变量 items,用于存储待排序的数据

    def __init__(self,items):
        self.items=items  #初始化类实例时,将传入的数据存储在类变量 items 中

    def sort(self):
        print("iten len:%d" % len(self.items))  #打印待排序数据的长度
        for i in range(len(self.items)-1,0,-1):  #从最后一个元素向前遍历
            maximum=i  #假设当前位置的元素为最大值
            for j in range(0,i):  #从头到当前位置遍历
                if self.items[i]<self.items[j]:  #如果当前位置的元素小于遍历的元素
                    maximum=j  #更新最大值的位置
          self.items[i],self.items[maximum]=self.swap(self.items[i],self.items
[maximum])  #交换最大值和当前位置的元素

    def swap(self,i,j):
        temp=j  #交换 i 和 j 的值
        j=i
        i=temp
        return i,j

print("-" * 10+"sorting numbers"+"_" * 10)

items=[]
#生成随机数并存储在 items 列表中
for i in range(0,10):
    items.append(random.randint(2,999))
print("original items:%r" % items)

ssort=SelectionSort(items)

#计算我们的选择排序方法的执行时间
start=timer()
ssort.sort()
end=timer()
duration1=end-start
#计算 Python 内置排序方法的执行时间
start=timer()
items.sort()
end=timer()
duration2=end-start

assert ssort.items==items  #断言排序结果正确
print("sorted items:%r" % ssort.items)  #打印排序后的结果
print("Duration: our selection sort method -%ds, python builtin sort -%ds" %
(duration1,duration2))  #打印执行时间
```

执行后会输出：

```
----------sorting numbers__________
original items:[290,787,286,547,557,69,412,892,811,201]
iten len:10
sorted items:[69,201,286,290,412,547,557,787,811,892]
Duration:our selection sort method-0s,python builtin sort-0s
```

上述运行结果表明，排序的结果是一样的。但是当在运算数据类很大的数组时，比如数组 size 在 4000 左右，需要耗时 1s 多，而 Python 自带的方法超快，毫秒级。当数据 size 达到 10,000 时，直接排序算法要运行 5s 多，但 Python 自带的方法仍然不到 1s。这说明选择排序算法简单，但是性能并不佳。

9.7 堆排序算法

堆排序(Heapsort)是利用堆这种数据结构所设计的一种排序算法。堆是一种近似完全二叉树的结构，并同时满足堆积的性质：即子结点的键值或索引总是小于(或者大于)它的父节点。

9.7.1 堆排序算法基础

堆排序算法是指在排序过程中，将向量中存储的数据看成一棵完全二叉树，利用完全二叉树中双亲节点和孩子节点之间的内在关系，以选择关键字最小记录的过程。待排序记录仍采用向量数组方式存储，并非采用树的存储结构，而仅仅是采用完全二叉树的顺序结构的特征进行分析而已。堆排序算法是对树形选择排序算法的改进。当采用堆排序算法时，需要一个能够记录大小的辅助空间。

堆排序算法的基本思想是初始时把要排序的数的序列看作是一棵顺序存储的二叉树，调整它们的存储顺序，使之成为一个堆，这时堆的根节点的数最大。然后将根节点与堆的最后一个节点交换。接着对前面 $n-1$ 个数重新调整使之成为堆。依此类推，直到只有两个节点的堆，并对它们作交换，最后得到有 n 个节点的有序序列。从算法描述来看，堆排序需要两个过程，一是建立堆，二是堆顶与堆的最后一个元素交换位置。所以堆排序有两个函数组成。一是建堆的渗透函数，二是反复调用渗透函数实现排序的函数。堆排序的具体做法是将待排序的记录的关键字存放在数组 $r[1,\cdots,n]$ 之中，用一棵完全二叉树的顺序来表示 r。每个节点表示一个记录，第一个记录 $r[1]$ 作为二叉树的根，后面的各个记录 $r[2,\cdots,n]$ 依次逐层从左到右顺序排列，任意节点 $r[i]$ 的左孩子是 $r[2i]$，右孩子是 $r[2i+1]$，双亲节点是 $r[r/2]$。调整这棵完全二叉树，使各节点的关键字值满足下列条件：

```
r[i].key≥r[2i].key 并且 r[i].key≥r[2i+1].key(i=1,2,…[n/2])
```

将满足上述条件的完全二叉树称为堆，将此堆中根节点的最大关键字称为大根堆。反之，如果此完全二叉树中任意节点的关键字大于或等于其左孩子和右孩子的关键字(当有左孩子或右孩子时)，则对应的堆为小根堆。

假如存在如下两个关键字序列都满足上述条件：

(10,15,56,25,30,70)

(70,56,30,25,15,10)

上述两个关键字序列都是堆,(10,15,56,25,30,70)对应的完全二叉树的小根堆如图 9-7(a)所示,(70,56,30,25,15,10)对应的完全二叉树的大根堆如图 9-7(b)所示。

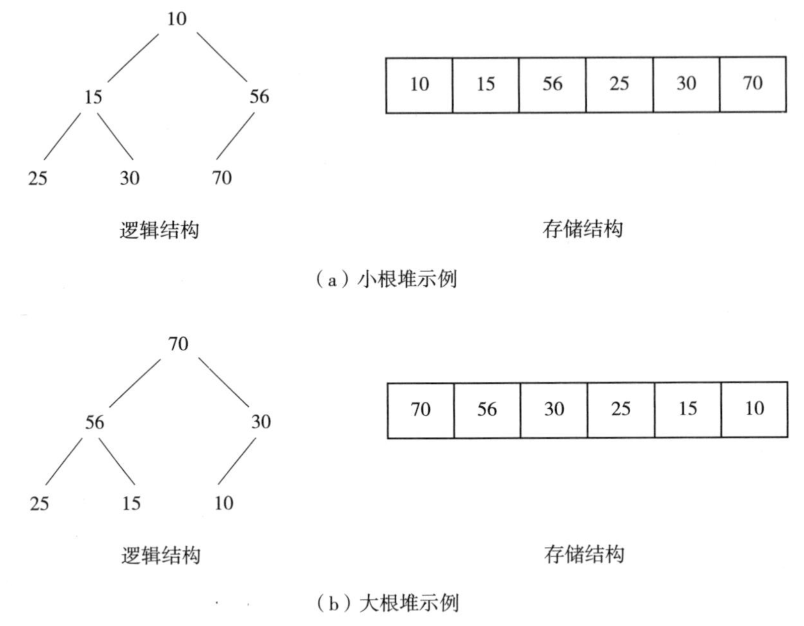

图 9-7 堆排序算法示例

堆排序的过程主要解决如下三个问题:

①如何重建堆?

②如何由一个任意序列建初始堆?

③如何利用堆进行排序?

下面我们逐一看一下以上三个问题的解决方法。

1. 重建堆

重建堆的过程非常简单,只需要如下两个移动步骤即可实现。

①移出完全二叉树根节点中的元素,该元素称为待调整元素,此时的根节点接近于空节点。

②从空节点的左孩子、右孩子中选出一个关键字较小的元素,如果该元素的关键字小于待调整元素的关键字,则将该元素上移至空节点中。此时,原来那个关键字较小的子节点相当于空节点。

重复上述步骤,直到空节点左孩子、右孩子的关键字均不小于待调整元素的关键字为止,此时将待调整元素放入空节点即可完成重建。通过上述调整方法,实际上是使待调整元素实现了逐步向下"筛"处理,所以上述过程一般被称为筛选法。

2. 用任意序列建初始堆

将一个任意序列看作是对应的完全二叉树,因为可以将叶节点视为单元素的堆,所以可以反复利用上面讲到的筛选法,自底向上逐层把所有子树调整为堆,直到将整个完全二叉树调整为堆。可以确定最后一个非叶节点位于 $n/2$ 个元素,n 为二叉树节点数。所以"筛选"必须从第 $n/2$ 个元素开始,逐层向上倒退,直到根节点为止。

3. 堆排序

使用堆进行排序的具体步骤如下：

①将待排序记录按照堆的定义建立一个初始堆，并输出堆顶元素；

②调整剩余的记录序列，使用筛选法将前 $n-i$ 个元素重新筛选，以便建成为一个新堆，然后再输出堆顶元素；

③重复执行步骤 2，实现 $n-1$ 次筛选，这样新筛选成的堆会越来越小，而新堆后面的有序关键字会越来越多，最后使待排序记录序列成为一个有序的序列，这个过程称之为堆排序。

9.7.2 算法演练：使用堆排序算法排列一个列表

在下面的示例文件 dui1. py 中，演示了使用堆排序算法处理数据的过程。各个函数的具体说明如下：

- 函数 get_andomNumber()：随机生成 0～100 的数值，并将结果放到列表 lists 中。
- 函数 adjust_heap()：调整堆的内容，将排序列表 lists 看作是一棵顺序存储的二叉树，通过 if 语句判断 lchild 的大小并调整它们的存储顺序。如果根节点不是最大就调换位置使之成为一个堆，这时堆的根节点的数最大。
- 函数 build_heap()：创建一个堆。
- 函数 heap_sort(lists)：对列表参数 lists 实现堆排序功能，分别调用前面的函数 get_andomNumber()实现堆调整和排序功能。

示例文件 dui1. py 的具体实现代码如下：

```
#随机生成 0~100 的数值
def get_andomNumber(num):
  lists=[]
    i=0
    while i<num:
        lists.append(random.randint(0,100))
        i+=1
    return lists

#调整堆
def adjust_heap(lists,i,size):
    lchild=2 * i+1
    rchild=2 * i+2
    max=i
    if i < size / 2:
        if lchild < size and lists[lchild] > lists[max]:
            max=lchild
        if rchild < size and lists[rchild] > lists[max]:
            max=rchild
        if max ! =i:
            lists[max],lists[i]=lists[i],lists[max]
            adjust_heap(lists,max,size)
```

```
#创建堆
def build_heap(lists,size):
    for i in range(0,(int(size/2)))[::-1]:
        adjust_heap(lists,i,size)

#堆排序
def heap_sort(lists):
    size=len(lists)
    build_heap(lists,size)
    for i in range(0,size)[::-1]:
        lists[0],lists[i]=lists[i],lists[0]
        adjust_heap(lists,0,i)
    return lists

a=get_andomNumber(10)
print("排序之前:%s" %a)
b=heap_sort(a)
print("排序之后:%s" %b)
```

执行后会输出:

```
排序之前:[80,37,20,0,16,59,50,52,62,77]
排序之后:[0,16,20,37,50,52,59,62,77,80]
```

注意:堆排序算法与直接选择排序算法的区别是什么?

在直接选择排序算法中,为了从 $R[1,\cdots,n]$ 中选出关键字最小的元素,必须经过 $n-1$ 次比较,然后在 $R[2,\cdots,n]$ 中选出关键字最小的元素,最后做 $n-2$ 次比较。事实上,在后面的 $n-2$ 次比较中,有许多比较可能在前面的 $n-1$ 次比较中已经实现过。但是由于前一次排序时未保留这些比较结果,所以后一次排序时又重复执行了这些比较操作。

堆排序可通过树形结构保存部分比较结果,减少了比较次数。

9.8 归并排序算法

归并排序算法是典型的基于分治的递归算法。它不断地将原数组分成大小相等的两个子数组(可能相差 1),最终当划分的子数组大小为 1 时,将划分的有序子数组合并成一个更大的有序数组。在本节的内容中,将详细讲解使用归并排序算法的知识。

9.8.1 归并排序算法基础

在使用归并排序法时,将两个或两个以上有序表合并成一个新的有序表。假设初始序列含有 k 个记录,首先将这 k 个记录看成 k 个有序的子序列,每个子序列的长度为 1,然后两两进行归并,得到 $k/2$ 个长度为 2(k 为奇数时,最后一个序列的长度为 1)的有序子序列。最后在此基础上再进行两两归并，如此重复下去，直到得到一个长度为 k 的有序序列为止。上述排序方法被称作二路归并排序法。

图 9-8 显示了二路归并排序的过程。

初始值	[6]	[14]	[12]	[10]	[2]	[18]	[16]	[8]
第一次归并	[6	14]	[10	12]	[2	18]	[8	16]
第二次归并	[6	10	12	14]	[2	8	16	18]
第三次归并	[2	6	8	10	12	14	16	18]

图 9-8　二路归并排序过程

在图 9-9 中，假设使用函数 Merge()将两个有序表进行归并处理，将两个待归并的表分别保存在数组 A 和 B 中，将其中一个的数据安排在下标从 m 到 n 的单元中，另一个安排在下标从$(n+1)$到 h 的单元中，将归并后得到的有序表存入到辅助数组 C 中。归并过程是依次比较这两个有序表中相应的数据，按照“取小”原则复制到数组 C 中。

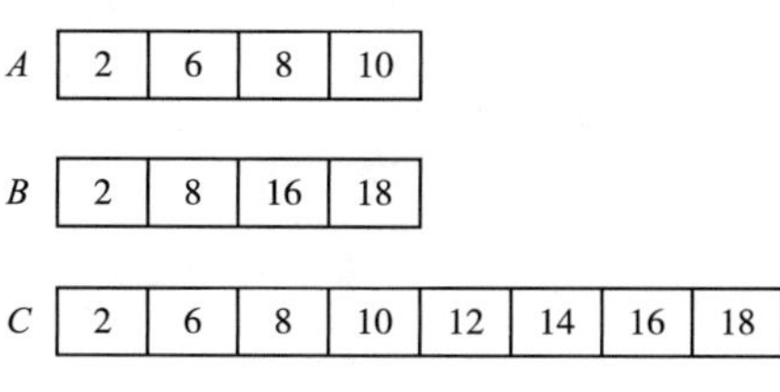

图 9-9　两个有序表的归并图

函数 Merge()仅归并两个有序表，在每一次归并过程中，能够将多对相邻的表进行归并处理。

接下来开始讨论一次的归并，假设已经将数组 r 中的 n 个数据分成对长度为 s 的有序表，要求将这些表两两归并，归并成长度为 $2s$ 的有序表，并把结果置入辅助数组 r_2 中。如果 n 不是 $2s$ 的整数倍，虽然前面进行归并的表长度均为 s，但是最后还是能再剩下一对长度都是 s 的表。在这个时候，需要考虑如下两种情况：

①剩下一个长度为 s 的表和一个长度小于 s 的表，由于归并函数 Merge()并不要求待归并的两个表必须长度相同，仍可将二者归并，只是归并后的表的长度小于其他表的长度 $2s$；

②只剩下一个表，它的长度小于或等于 s，由于没有另一个表与它归并，只能将它直接复制到数组 r_2 中，准备参加下一次的归并。

注意：为什么是有序子数组？

在归并排序算法中，为什么将划分的有序子数组合并成一个更大的有序数组。先看排序的递归公式：

$$T(N)=2T(N/2)+O(N)$$

从上述中可以看出：将规模为 N 的原问题分解成两个规模为 $N/2$ 的子问题，并且合并这两个子问题的代价是 $O(N)$。注意，上面公式中的 $O(N)$表示合并的代价。

9.8.2 二路归并算法的实现思路

假设将两个有序的子文件(相当于输入堆)放在同一向量中的相邻位置上,位置是 r[low,…,m]和 r[m+1,…,high]。可以先将它们合并到一个局部的暂存向量 r_1(相当于输出堆)中,当合并完成后将 r_1 复制回 r[low,…,high]中。

(1)合并过程

①预先设置 3 个指针 i、j 和 p,其初始值分别指向这 3 个元素区的起始位置。

②在合并时依次比较 r[i]和 r[j]的关键字大小,将关键字较小的元素复制到 r_1[p]中,然后将被复制元素的指针 i 或 j 加 1,以及指向复制位置的指针 p 加 1。

③重复上述过程,直到两个输入的子文件中有一个已全部复制完毕为止,此时将另一非空的子文件中剩余元素依次复制到 r_1 中。

(2)动态申请 r_1

在二路归并过程中,r_1 是动态申请的,因为申请的空间会很大,所以需要判断加入申请空间是否成功。二路归并排序法的操作目的非常简单,只是将待排序列中相邻的两个有序子序列合并成一个有序序列。在合并过程中,两个有序的子表被遍历了一遍,表中的每一项均被复制了一次。因此,合并的代价与两个有序子表的长度之和成正比,该算法的时间复杂度为 $O(n)$。

9.8.3 实现归并排序的方法

实现归并排序的方法有自底向上和自顶向下两种。

1. 自底向上的方法

当第 1 次归并排序时,将待排序的文件 r[1,…,n]看作是 n 个长度为 1 的有序子文件,然后将这些子文件两两归并。

- 如果 n 为偶数,则得到 n/2 个长度为 2 的有序子文件;
- 如果 n 为奇数,则最后一个子文件轮空(不参与归并)。

所以当完成本次归并后,前[lgn]个有序子文件长度为 2,最后一个子文件长度仍为 1。

第 2 次归并的功能是将第 1 次归并所得到的[lgn]个有序的子文件实现两两归并。如此反复操作,直到最后得到一个长度为 n 的有序文件为止。

2. 自顶向下的方法

用分治法进行自顶向下的算法设计,这种形式更为简洁。

(1)分治法的三个步骤

设归并排序的当前区间是 r[low,…,high],分治法的三个步骤如下:

①分解:将当前区间一分为二,即求分裂点。

②求解:递归地对两个子区间 r[low,…,mid]和 r[mid+1,…,high]进行归并排序。

③组合:将已排序的两个子区间 r[low,…,mid]和 r[mid+1,…,high]归并为一个有序的区间 r[low,…,high]。

递归的终结条件:子区间长度为 1。

(2)具体算法

例如,已知序列{26,5,77,1,61,11,59,15,48,19}写出采用归并排序算法排序的每一次的结果。

归并排序各次的结果如下：

[26]　[5]　[77]　[1]　[61]　[11]　[59]　[15]　[48]　[19]

[5　26]　[1　77]　[11　61]　[15　59]　[19　48]

[1　5　26　77]　[11　15　59　61]　[19　48]

[15　11　15　26　59　61　77]　[19　48]

[1　5　11　15　19　26　48　59　61　77]

9.8.4　算法演练：将列表中的元素由小到大进行排序

归并排序使用了二分法，归根到底的思想还是分而治之。假设要排列的列表是[4,7,8,3,5,9]，则归并排序的流程如图 9-10 所示。

图 9-10 展示了归并排序的第一步，将数组按照 middle 进行递归拆分，分到最细之后再使用对两个有序数组进行排序的方法排序。两个有序数组排序的方法则非常简单，对两个数组的第一个位置的元素进行大小比较，将小的放入一个空数组，然后被放入空数组位置的指针后移一个，接着继续和另外一个数组的上一个位置进行比较，以此类推。到最后任何一个数组先出栈完毕，就将另外一个数组里的所有元素添加到新数组后面。

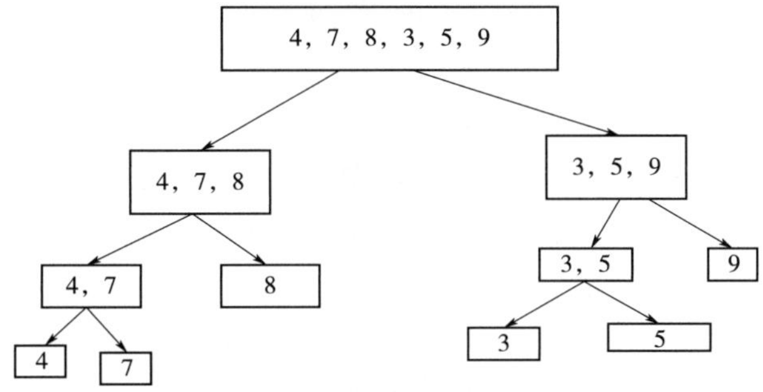

图 9-10　归并排序的流程

在下面的示例文件 guibing01. py 中，演示了使用归并排序算法由小到大排列列表[4,7,8,3,5,9]元素的过程。

```
def merge(a,b):
    c=[]
    h=j=0
    while j < len(a) and h < len(b):
        if a[j] < b[h]:
            c.append(a[j])  #如果 a 中的元素小于 b 中的元素,将 a 中的元素添加到 c 中
            j+=1
        else:
            c.append(b[h])  #如果 b 中的元素小于 a 中的元素,将 b 中的元素添加到 c 中
            h+=1

    if j==len(a):
        for i in b[h:]:
            c.append(i)   #将 b 中剩余的元素添加到 c 中
```

```
    else:
        for i in a[j:]:
            c.append(i)  #将 a 中剩余的元素添加到 c 中

    return c

def merge_sort(lists):
    if len(lists) <=1:
        return lists  #如果列表长度小于等于 1,无需排序,直接返回原列表
    middle=int(len(lists) / 2)
    left=merge_sort(lists[:middle])  #递归地对左半部分进行排序
    right=merge_sort(lists[middle:])  #递归地对右半部分进行排序
    return merge(left,right)  #合并左右两部分的排序结果

if __name__=='__main__':
    a=[4,7,8,3,5,9]
    print(merge_sort(a))
```

执行后会输出:

```
[3,4,5,7,8,9]
```

注意:归并排序算法的效率如何,应该如何选择?

归并排序算法中一次归并要多次用到二路归并算法,一次归并排序的操作是调用 $n/2h$ 次 merge 算法,将 $r_1[1,\cdots,n]$ 中前后相邻且长度为 h 的有序段进行两两归并,得到前后相邻、长度为 $2h$ 的有序段,并存放在 $r[1,\cdots,n]$ 中,其时间复杂度为 $O(n)$。整个归并排序需进行 $m(m=\log_2 n)$ 次二路归并,所以归并排序总的时间复杂度为 $O(n\log_2 n)$。在实现归并排序时,需要和待排元素等数量的辅助空间,空间复杂度为 $O(n)$。

与快速排序算法和堆排序算法相比,归并排序算法的最大特点是,它是一种稳定的排序方法。在一般情况下,因为要求附加和待排元素等数量的辅助空间,所以很少利用二路归并排序进行内部排序。

9.9 基数排序算法

本章前面所述的各种排序方法使用的基本操作主要是比较与交换,而基数排序则利用分配和收集这两种基本操作,基数排序算法就是典型的分配类排序算法。在介绍分配类排序之前,先介绍关于多关键字排序的问题。

9.9.1 多关键字排序

关于多关键字排序,可以通过一个例子来了解。例如:可以将一副扑克牌的排序过程看成是对花色和面值两个关键字进行排序的过程。若规定花色和面值的顺序如下:

- 花色：梅花<方块<红桃<黑桃。
- 面值：A<2<3<…<10<J<Q<K。

规定花色的优先级高于面值，则一副扑克牌从小到大的顺序为：梅花 A，梅花 2，……，梅花 K；方块 A，方块 2，……，方块 K；红桃 A，红桃 2，……，红桃 K；黑桃 A，黑桃 2，……，黑桃 K。进行排序时有两种做法：其中一种是先按花色分成有序的四类，然后再按面值对每一类从小到大排序。该方法称为“高位优先”排序法。另一种做法是分配与收集交替进行，即首先按面值从小到大把牌摆成 13 叠（每叠 4 张牌），然后将每叠牌按面值的次序收集到一起，再对这些牌按花色摆成 4 叠，每叠有 13 张牌，最后把这 4 叠牌按花色的次序收集到一起，于是就得到了上述有序序列。该方法称为“低位优先”排序法。

9.9.2 链式基数排序

基数排序属于上述“低位优先”排序法，通过反复进行分配与收集操作完成排序。假设记录 $r[i]$ 的关键字为 $keyi$，$keyi$ 是由 d 位十进制数字构成的，即 $keyi=Ki^1\ Ki^2,\cdots,Ki^d$，则每一位可以视为一个子关键字，其中 Ki^1 是最高位，Ki^d 是最低位，每一位的值都在 $0\leqslant Ki^j\leqslant 9$ 的范围内，此时基数 $r_d=10$。如果 $keyi$ 是由 d 个英文字母构成的，即 $keyi=Ki^1\ Ki^2,\cdots,Ki^d$，其中 $a\leqslant Ki^j\leqslant z$，则基数 $r_d=26$。

排序时先按最低位的值对元素进行初步排序，在此基础上再按次低位的值进一步排序。依此类推，由低位到高位，每一次都是在前一次的基础上，根据关键字的某一位对所有元素进行排序，直至最高位，这样就完成了基数排序的全过程。

链式基数排序的实现步骤如下：

①以静态链表存储 n 个待排元素；

②按最低位关键字进行分配，把 n 个元素分配到 r_d 个链队列中，每个队列中元素关键字的最低位值相等，然后再改变所有非空队列的队尾指针，令其指向下一个非空队列的队头元素，重新将 r_d 个队列中的元素收集成一个链表；

③对第二低位关键字进行分配、收集，依次进行，直到对最高位关键字进行分配、收集，便可得到一个有序序列。

例如，对关键字序列（278，109，063，930，589，184，505，269，008，083）进行基数排序，其过程如图 9-11 所示。

对于 n 个元素（每个元素含 d 个子关键字，每个子关键字的取值范围为 $radix$ 个值）进行链式排序的时间复杂度为 $O(\mathrm{d}(n+radix))$，其中每一次分配算法的时间复杂度为 $O(n)$，每一次收集算法的时间复杂度为 $O(radix)$，整个排序进行 d 次分配和收集，所需辅助空间为 $2\times radix$ 个队列指针。当然，由于需要链表作为存储结构，则相对于其他以顺序结构存储元素的排序方法而言，还增加了 n 个指针域空间。

9.9.3 算法演练：从小到大排序 10 个随机数字

在下面的示例文件 ji01. py 中，首先使用函数 get_andomNumber()生成了 10 个 0~100 之间的随机数字，然后通过函数 def radix_sort()使用基数排序排列这 10 个数字，从低位开始将

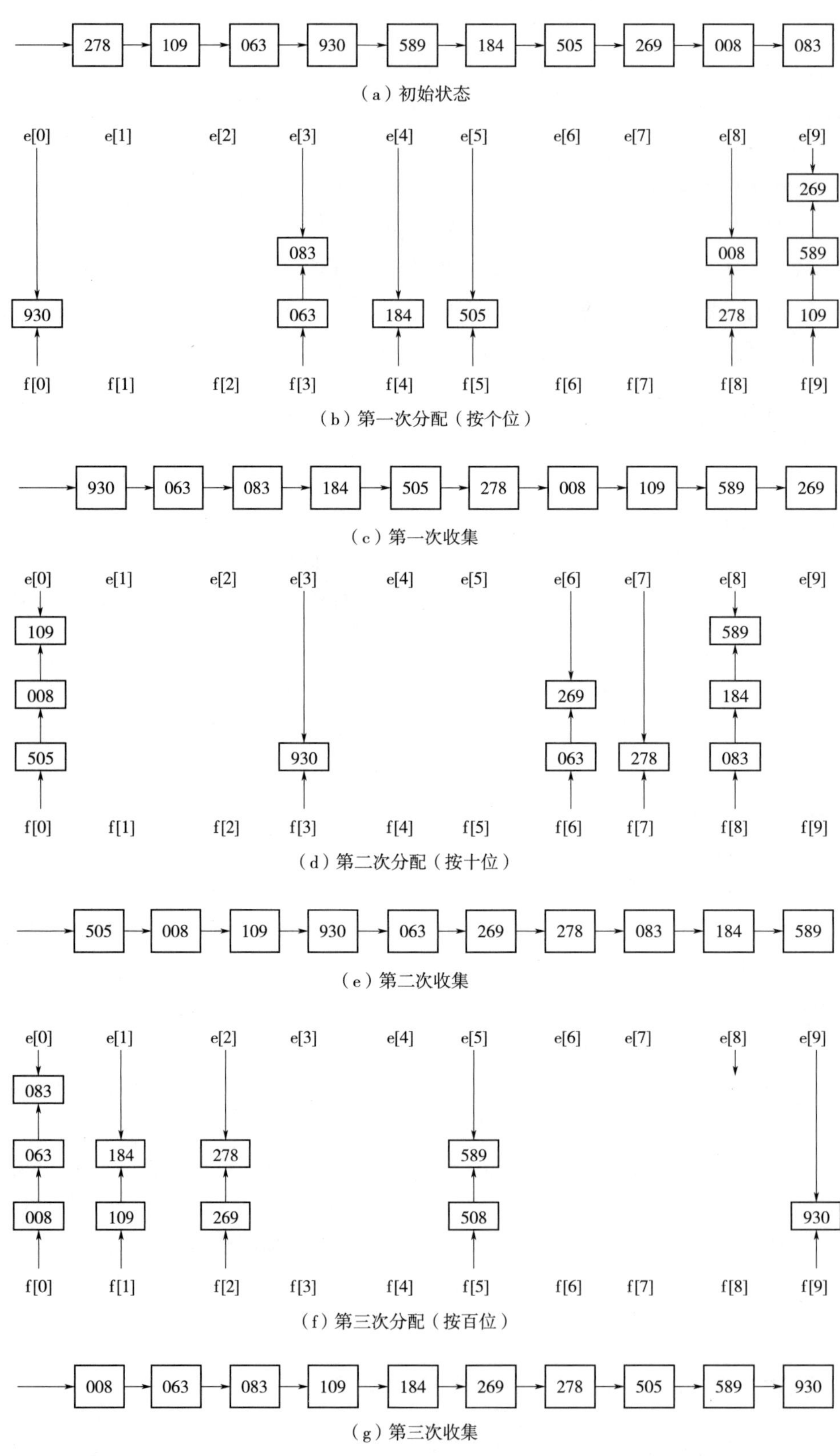
278 109 063 930 589 184 505 269 008 083
（a）初始状态
e[0] e[1] e[2] e[3] e[4] e[5] e[6] e[7] e[8] e[9]
930 083 063 184 505 008 278 269 589 109
f[0] f[1] f[2] f[3] f[4] f[5] f[6] f[7] f[8] f[9]
（b）第一次分配（按个位）
930 063 083 184 505 278 008 109 589 269
（c）第一次收集
e[0] e[1] e[2] e[3] e[4] e[5] e[6] e[7] e[8] e[9]
109 008 505 930 269 063 278 589 184 083
f[0] f[1] f[2] f[3] f[4] f[5] f[6] f[7] f[8] f[9]
（d）第二次分配（按十位）
505 008 109 930 063 269 278 083 184 589
（e）第二次收集
e[0] e[1] e[2] e[3] e[4] e[5] e[6] e[7] e[8] e[9]
083 063 008 184 109 278 269 589 508 930
f[0] f[1] f[2] f[3] f[4] f[5] f[6] f[7] f[8] f[9]
（f）第三次分配（按百位）
008 063 083 109 184 269 278 505 589 930
（g）第三次收集

图 9-11　基数排序过程

待排序的数按照该位的值放到相应的编号为 0~9 的位置。其中 k 表示列表中最大元素的位数，然后通过 for 循环遍历这 10 个位置，使用 for 遍历列表中的随机元素，并依次拿出 10 个位置中的元素给原列表 lists，最终实现排序功能。具体实现代码如下：

```
import random
import math

#随机生成 0~100 之间的数值
def get_andomNumber(num):
    lists=[]
    i=0
    while i<num:
        lists.append(random.randint(0,100))
        i+=1
    return lists

#头部需导入 import math
def radix_sort(lists,radix=10):
    k=int(math.ceil(math.log(max(lists),radix)))
    bucket=[[] for i in range(radix)]
    for i in range(1,k+1):
        for j in lists:
            bucket[int(j/(radix**(i-1))%(radix**i))].append(j)
        del lists[:]
        for z in bucket:
            lists+=z
            del z[:]
    return lists
a=get_andomNumber(10)
print("排序之前:%s"%a)

b=radix_sort(a)

print("排序之后:%s"%b)
```

因为是随机的，所以每次执行效果不一样，例如在笔者机器中执行后会输出：

```
排序之前:[96,1,62,38,52,5,54,18,5,3]
排序之后:[1,3,5,5,18,38,52,54,62,96]
```

9.10　综合比较各种排序算法

从算法的平均时间复杂度、最坏时间复杂度，以及算法的空间复杂度三方面，对各种排序算法加以比较，如表 9-2 所示。其中简单排序算法包括除希尔排序算法以外的其他插入排序算法、冒泡排序算法和简单选择排序算法。

表 9-2 各种排序算法的性能比较

排序算法	平均时间复杂度	最坏时间复杂度	空间复杂度
简单排序	$O(n^2)$	$O(n^2)$	$O(1)$
快速排序	$O(n\log_2 n)$	$O(n^2)$	$O(n\log_2 n)$
堆排序	$O(n\log_2 n)$	$O(n\log_2 n)$	$O(1)$
归并排序	$O(n\log_2 n)$	$O(n\log_2 n)$	$O(n)$
基数排序	$O(d(n+rd))$	$O(d(n+rd))$	$O(n+rd)$

综合分析并比较各种排序算法后,可得出如下结论:

(1)简单排序算法一般只用于 n 较小的情况。当序列中的元素“基本有序”时,直接插入排序是最佳的排序算法,常与快速排序、归并排序等其他排序算法结合使用。

(2)快速排序算法、堆排序算法和归并排序算法的平均时间复杂度均为 $O(n\log_2 n)$,但实验结果表明,就平均时间复杂度而言,快速排序算法是所有排序算法中最好的。遗憾的是,快速排序算法在最坏情况下的时间复杂度为 $O(n^2)$。堆排序算法和归并排序算法的最坏时间复杂度仍为 $O(n\log_2 n)$,当 n 较大时,归并排序算法的时间复杂度优于堆排序,但是它所需的辅助空间更多。

(3)基数排序算法的时间复杂度可以写成 $O(dn)$。因此,它最适用于 n 值很大而关键字的位数 d 较小的序列。

(4)从排序的稳定性上来看,基数排序算法是稳定的。然而,快速排序、堆排序、希尔排序等时间复杂度较好的排序算法,以及简单选择排序算法都是不稳定的。多数情况下,排序是按元素的主关键字进行的,此时不用考虑排序算法的稳定性。如果排序是按元素的次关键字进行的,则应充分考虑排序算法的稳定性。

综上所述,每一种排序算法都各有特点,没有哪一种算法是绝对最优的,应根据具体情况选择合适的排序算法,也可以将多种算法结合起来使用。

第 10 章　使用算法解决数据结构问题

数据结构是计算机存储和组织数据的方式。在介绍算法的基本概念时,提出了“程序=数据结构+算法”的这一说法。数据结构是为算法提供服务的,算法是围绕数据结构进行操作的。由此可见,数据结构与算法是密切相关的,为了巩固读者已掌握的编程技巧,本章将介绍使用算法解决经典的数据结构问题的应用。

10.1　约瑟夫环

约瑟夫环问题既是经典的数据结构问题,也是经典的算法问题。在本节的内容中,将详细讲解使用 Python 解决约瑟夫环问题的知识。

10.1.1　问题描述

几个人(以编号 1,2,3,…,n 分别表示)围坐一张圆桌。从编号为 k 的人开始报数,数到 m 的那个人出列;他的下一个人又从 1 开始报数,数到 m 的那个人又出列;依此规律重复下去,直到圆桌周围的人全部出列。将每一次出列的人称为“出列者”,最后一个出列的人称为“幸存者”。

10.1.2　算法分析:公式转换

n 个人(编号 0~(n-1)),从 0 开始报数,报到编号为 m-1 人的退出,剩下的人继续从 1 开始报数,求幸存者的编号。

第一个人(编号一定是(m-1)%n)出列之后,剩下的 n-1 个人组成了一个新的约瑟夫环(以编号为 k=m%n 的人开始):k,k+1,k+2,…,n-2,n-1,0,1,2,…,k-2。并且从 k 开始报 0,现在把他们的编号进行如下转换:

```
k→0
k+1→1
k+2→2
...
k-3→n-3
k-2→n-2
```

变换后就完全成为 n-1 个人报数的子问题。

要想知道 n-1 个人报数问题的解,只要知道 n-2 个人报数问题的解即可。怎么样知道 n-2 个人的解呢,当然是先求 n-3 的情况,这显然是一个倒推问题。假设用 f 表示第 i 个人玩游戏报出 m 退出最后幸存者的编号(报数),最后的结果自然是 $f[n]$。递推公式如下所示:

$$\begin{cases} f[1]=0 \\ f=(f[i-1]+m)\%i,(i>1) \end{cases}$$

有了上述公式之后，要做的就是从 1 到 n 顺序算出 f 的数值，最后结果是 $f[n]$。因为实际生活中编号总是从 1 开始，输出 $f[n]+1$ 由于是逐级递推，不需要保存每个 f，程序也是非常简单。例如有 10 个人编号 0~9，围坐一圈，报 3 的倍数的退出，然后余下的人接着报至最后 1 人，其图解过程如图 10-1 所示。

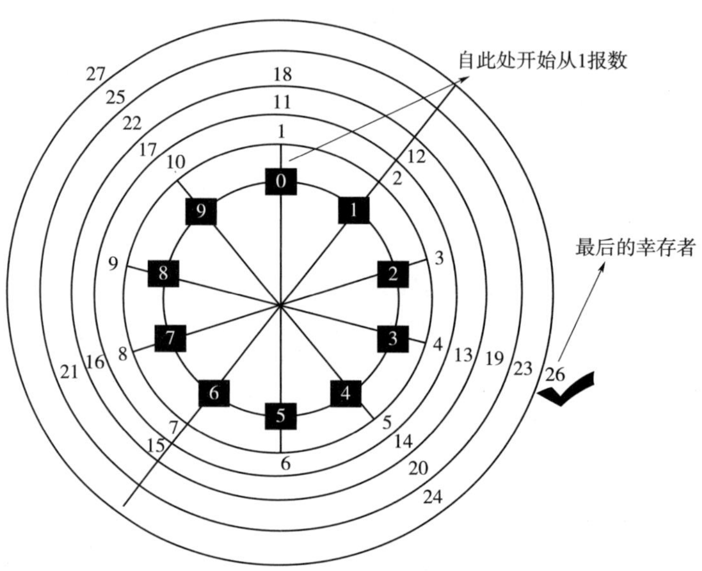

图 10-1　约瑟夫环图解过程

10.1.3　计算约瑟夫环的幸存者

编写示例文件 yue.py 解决约瑟夫环的问题，首先通过函数 createLink(n)创建带头节点的链表，然后通过函数 showLink(root)打印输出链表的内容，最后通过函数 josephus(n,k)解决约瑟夫环问题。其中参数 n 表示一共有 n 个人，分别给予编号。一共要出列 n 个人，根据报数的人的下标循环输出各人的编号，游戏循环执行的条件是只要没报到 k 数即可。具体实现代码如下：

```
class Node():
    def __init__(self,value,next=None):
        #定义链表节点类,包括节点值和指向下一个节点的引用
        self.value=value
        self.next=next

def createLink(n):
    #创建循环链表,包含 n 个节点
    if n <=0:
        return False
    if n==1:
```

```
        return Node(1)
    else:
        root=Node(1)
        tmp=root
        for i in range(2,n+1):
            #逐个创建节点,连接成循环链表
            tmp.next=Node(i)
            tmp=tmp.next
        tmp.next=root  #最后一个节点指向链表的头节点,形成循环
        return root

def showLink(root):
    #打印循环链表中的所有节点值
    tmp=root
    while True:
        print(tmp.value)
        tmp=tmp.next
        if tmp==None or tmp==root:
            break

def josephus(n,k):
    #使用循环链表解决 Josephus 问题
    if k==1:
        print('幸存者:',n)  #如果 k=1,则直接输出最后一个节点的值
        return
    root=createLink(n)
    tmp=root
    while True:
        for i in range(k-2):
            tmp=tmp.next  #遍历 k-2 次,找到 k-1 位置的节点
        print('淘汰:',tmp.next.value)  #输出被淘汰节点的值
        tmp.next=tmp.next.next  #从链表中移除被淘汰的节点
        tmp=tmp.next  #移动到下一个位置
        if tmp.next==tmp:
            break
    print('survive:',tmp.value)  #输出最后幸存者的值

if __name__=='__main__':
    #示例调用 josephus 函数解决问题
    josephus(10,4)
    print('-----------------')
    josephus(10,2)
    print('-----------------')
    josephus(10,1)
    print('-----------------')
```

执行后会输出：

```
淘汰:4
淘汰:8
淘汰:2
淘汰:7
淘汰:3
淘汰:10
淘汰:9
淘汰:1
淘汰:6
survive:5
-----------------
淘汰:2
淘汰:4
淘汰:6
淘汰:8
淘汰:10
淘汰:3
淘汰:7
淘汰:1
淘汰:9
survive:5
-----------------
幸存者:10
-----------------
```

10.2 操作顺序表

顺序表是计算机内存中以数组形式保存的线性表。线性表的顺序存储是指用一组地址连续的存储单元依次存储线性表中的各个元素，使得线性表中在逻辑结构上相邻的数据元素存储在相邻的物理存储单元中，即通过数据元素物理存储的相邻关系来反映数据元素之间逻辑上的相邻关系，采用顺序存储结构的线性表就是顺序表。

10.2.1 算法分析：五种操作

对顺序表的操作万变不离其宗，不外乎于修改、查找、统计、删除和销毁五种操作。在进行插入和删除的时候，要注意考虑删除或插入字符后面的内容，千万不能弄混，以免造成错误；如果是用动态存储结构，在插入和删除时只要考虑前后指针的关系即可。在插入操作时分为多种情况，例如头插、尾插和任意插入。顺序表的头插就是将数据整体往后移动，然后把指定数插到数组的第一个位置。注意在移动的时候从数组的最后一个元素移动，如果从第一个移动会覆盖数组元素。在顺序表尾插时设定数组长度，然后把该数放到数组的 size 位置。任意插入需要指定插入位置，然后将原来位置后面的元素整体后移一个位置。

10.2.2 实现顺序表的修改、查找、统计、删除和销毁操作

在下面的示例文件 shun02.py 中,演示了实现顺序表的修改、查找、统计、删除和销毁操作的方法。各个方法的具体说明如下:

- 定义顺序表类 SeqList,设置默认最多容纳 10 个元素。
- 通过方法 is_empty(self)判定线性表是否为空。
- 通过方法__setitem__()修改线性表中某一位置的元素。
- 定义方法 getLoc(),根据值查找元素的位置。
- 通过方法 Count()统计线性表中元素的个数。
- 通过方法 appendLast()在表末尾插入新的元素。
- 通过方法 insert()在顺序表的任意位置执行插入操作。
- 通过方法 remove()删除顺序表中某一位置的元素。

示例文件 shun02.py 的具体实现代码如下:

```
class SeqList(object):
    def __init__(self,max=10):
        self.max=max
        #初始化顺序表数组
        self.num=0
        self.date=[None] * self.max
    def is_empty(self):     #判定线性表是否为空
        return self.num is 0

    def is_full(self):      #判定线性表是否全满
        return self.num is self.max

    #获取线性表中某一位置的元素
    def __getitem__(self,i):
        if not isinstance(i,int):   #如果 i 不为 int 型,则判定输入有误,即 Type 错误
            raise TypeError
        if 0<=i < self.num:    #如果位置 i 满足条件,即在元素个数的范围内,则返回相对应
的元素值,否则,超出索引,返回 IndexError
            return self.date[i]
        else:
            raise IndexError

    def __setitem__(self,key,value):
        if not isinstance(key,int):#如果 key 不为 int 型,则判定输入有误,即 Type 错误
            raise TypeError
  #如果位置 key 满足条件,即在元素个数的范围内,则返回相对应的元素值,否则,超出索引,返
回 IndexError
        if 0<=key <self.num:
            self.date[key]=value
        else:
            raise IndexError
```

```
    def getLoc(self,value):
        n=0
        for j in range(self.num):
            if self.date[j]==value:
                return j
        if j==self.num:
            return-1  #如果遍历顺序表还未找到 value 值相同的元素,则返回-1 表示顺序表中
没有 value 值的元素

    def Count(self):
        return self.num

    def appendLast(self,value):
        if self.num>=self.max:
            print('The list is full')
            return
        else:
            self.date[self.num]=value
            self.num+=1

    def insert(self,i,value):
        if not isinstance(i,int):
            raise TypeError
        if i<0 and i>self.num:
            raise IndexError
        for j in range(self.num,i,-1):
            self.date[j]=self.date[j-1]
        self.date[i]=value
        self.num+=1


    def remove(self,i):
        if not isinstance(i,int):
            raise TypeError
        if i<0 and i>=self.num:
            raise IndexError
        for j in range(i,self.num):
            self.date[j]=self.date[j+1]
        self.num-=1

    #输出操作
    def printList(self):
        for i in range(0,self.num):
            print(self.date[i])

    #销毁操作
    def destroy(self):
        self.__init__()
```

执行后会输出:

```
[None,None,None,None,None,None,None,None]
True
[0,1,2,None,None,None,None,None]
3
8
[0,6,1,2,None,None,None,None]
[0,5,1,2,None,None,None,None]
4
返回值为 2(第一次出现)的索引:3
====
[0,1,2,2,None,None,None,None]
3
========
3
[2,1,0,2,None,None,None,None]
False
[None,None,None,None,None,None,None,None]
0

Process finished with exit code 0
```

10.3 操作链表

链表是一种物理存储单元上非连续、非顺序的存储结构,数据元素的逻辑顺序是通过链表中的指针链接次序实现的。链表由一系列节点(链表中每一个元素称为节点)组成,节点可以在运行时动态生成。

10.3.1 算法分析:节点的构成

链表用一组地址任意的存储单元存放线性表中的数据元素。链表中的节点由元素(数据元素的映象)+指针(指示后继元素存储位置)构成,元素就是存储数据的存储单元,指针就是连接每个节点的地址数据。每个节点包含信息域(元素域)和链接域两个域。这个链接指向链表中的下一个节点,而最后一个节点的链接域则指向一个空值。

在添加列表元素时先检测是不是链表类的实例,如果不是则新建一个节点。如果列表是空的话,就把该节点当作头节点,如果非空,就将当前节点指向下一个元素(也就是刚新添加的节点),最后把新节点添加到列表当中。

10.3.2 具体实现:实现链表的查找、添加和删除操作

在下面的示例文件 lian. py 中,演示了实现链表的查找、添加和删除操作的方法。各个功能函数的具体说明如下:

- 函数 init():链表初始化。

- 函数 insert():在链表中插入数据。
- 函数 trave():遍历链表数据。
- 函数 delete():删除链表中的某个数据。
- 函数 find():查找链表中的某个数据。

示例文件 lian. py 的具体实现代码如下:

```
class LinkedList():
    def __init__(self,value=None):
        self.value=value
        self.before=None  #节点的前驱
        self.behind=None  #节点的后继

    def __str__(self):
        if self.value is not None:
            return str(self.value)
      else:
            return 'None'

def init():
    #初始化一个头结点
    return LinkedList('HEAD')

def delete(linked_list):
    if isinstance(linked_list,LinkedList):
        if linked_list.behind is not None:
            #递归删除链表中的所有节点
            delete(linked_list.behind)
            linked_list.behind=None
            linked_list.before=None
        linked_list.value=None

def insert(linked_list,index,node):
    #在指定位置插入一个新节点
    node=LinkedList(node)
    if isinstance(linked_list,LinkedList):
        i=0
        while linked_list.behind is not None:
            if i==index:
                break
            i+=1
            linked_list=linked_list.behind
        if linked_list.behind is not None:
            #连接新节点到链表
            node.behind=linked_list.behind
            linked_list.behind.before=node
        node.before,linked_list.behind=linked_list,node
```

```
def remove(linked_list,index):
    if isinstance(linked_list,LinkedList):
        i=0
        while linked_list.behind is not None:
            if i==index:
                break
            i+=1
            linked_list=linked_list.behind
        if linked_list.behind is not None:
            #修改前驱和后继节点的连接
            linked_list.behind.before=linked_list.before
        if linked_list.before is not None:
            linked_list.before.behind=linked_list.behind
        linked_list.behind=None
        linked_list.before=None
        linked_list.value=None
def trave(linked_list):
    if isinstance(linked_list,LinkedList):
        print(linked_list)
        if linked_list.behind is not None:
            #遍历链表并输出节点值
            trave(linked_list.behind)

def find(linked_list,index):
    if isinstance(linked_list,LinkedList):
        i=0
        while linked_list.behind is not None:
            if i==index:
                return linked_list
            i+=1
            linked_list=linked_list.behind
        else:
          if i < index:
                raise Exception(404)  #如果查找索引越界,抛出异常
      return linked_list

if __name__=='__main':
    #示例调用上述链表操作函数
    linked_list=init()
    insert(linked_list,0,1)
    insert(linked_list,1,2)
    insert(linked_list,1,3)
    trave(linked_list)  #输出链表内容
    remove(linked_list,1)
    trave(linked_list)  #输出删除节点后的链表内容
    delete(linked_list)
```

```
trave(linked_list)  #输出删除所有节点后的链表内容
insert(linked_list,0,4)
find_result=find(linked_list,0)
print(find_result)  #查找并输出特定节点的值
```

10.4 综合实战:商业日程管理系统

商业日程管理系统是一种用于帮助个人、团队或组织有效规划、管理和跟踪商业事件和活动的计算机应用程序。这类系统通常提供了一种集中化的方式来记录、组织和跟踪各种商务活动,以便用户能够更好地管理他们的工作日程。

10.4.1 问题介绍

使用 Python 语言设计了一个商业日程管理系统,该系统可以管理商务事件并提供添加、删除和显示商务事件的功能。系统使用自定义的数据结构来表示商业事件,利用算法检测事件之间的时间冲突并按照开始时间对事件进行排序。

10.4.2 算法分析

根据问题需求,我们梳理一下实现商业日程管理系统的算法思路。

(1)商务事件类的定义

①定义一个商务事件类,包括标题、开始时间、结束时间、地点和参与者等属性。

②这个类用于表示每个商务事件的信息。

(2)商业日程管理类的定义

①定义一个商业日程管理类,包括商务事件列表。

②这个类用于管理商务事件,包括添加、删除、显示和更新商务事件。

(3)添加商务事件

①添加新的商务事件,提供标题、开始时间、结束时间、地点和参与者等信息。

②创建商务事件对象,将其添加到商务事件列表中。

(4)删除商务事件

①根据商务事件的标题删除特定的商务事件。

②遍历商务事件列表,找到匹配标题的商务事件,并将其从列表中移除。

(5)显示商务日程

①查看商务日程,按照开始时间排序,以便清晰地了解每个商务事件的信息。

②对商务事件列表进行排序,然后逐个打印出商务事件的信息。

(6)更新商务事件

①更新商务事件的信息,提供新的标题、开始时间、结束时间、地点和参与者等信息。

②遍历商务事件列表,找到匹配标题的商务事件,然后更新其属性。

上述算法思路基于商务事件类和商务日程管理类,提供了商务事件的管理功能,允许用户添加、删除、显示和更新商务事件,以便更好地管理商务日程。

10.4.3 具体实现

根据上面的算法分析编写程序文件 xing. py,具体实现代码如下:

```
class BusinessEvent:
    def __init__(self,title,start_time,end_time,location,attendees):
        self.title=title
        self.start_time=start_time
        self.end_time=end_time
        self.location=location
        self.attendees=attendees

class BusinessSchedule:
    def __init__(self):
        self.events=[]

    def add_event(self,event):
        for existing_event in self.events:
            if(
                event.start_time < existing_event.end_time
                and event.end_time > existing_event.start_time
        ):
                print("该时间段已经有安排!")
                return
        self.events.append(event)
        print(f"已添加商务事件:{event.title}")

    def remove_event(self,event):
        if event in self.events:
            self.events.remove(event)
            print(f"已删除商务事件:{event.title}")

    def display_schedule(self):
        self.events.sort(key=lambda x:x.start_time)
        for event in self.events:
            print(f"商务事件:{event.title}")
          print(f"时间:从 {event.start_time} 到 {event.end_time}")
            print(f"地点:{event.location}")
            print(f"参与者:{','.join(event.attendees)}")
            print()

#创建商业日程管理系统
business_schedule=BusinessSchedule()

#添加商务事件
event1 = BusinessEvent("项目会议","08:00","10:00","公司会议室",["John","
Alice"])
```

```
business_schedule.add_event(event1)

event2=BusinessEvent("客户拜访","14:00","16:00","客户办公室",["Bob"])
business_schedule.add_event(event2)

#显示商业日程
print("商业日程:")
business_schedule.display_schedule()

#删除商务事件
business_schedule.remove_event(event1)

#显示更新后的商业日程
print("\n 更新后的商业日程:")
business_schedule.display_schedule()
```

对上述代码的具体说明如下:

(1)类 BusinessEvent 是一个自定义数据结构,用于表示商业事件的属性,包括标题、开始时间、结束时间、地点和参与者。

(2)类 BusinessSchedule 是一个数据结构,用于管理商业日程,它包括一个事件列表(events)作为属性,并提供方法来添加事件、删除事件和显示日程。

10.4.4 算法总结

我们从数据结构在本实例中的应用和算法复杂度两个方面总结一下商业日程管理系统的开发经验。

1. 数据结构问题解决

在商业日程管理系统中,数据结构问题主要围绕商务事件的管理展开。商务事件可以看作是一个自定义的数据结构,包含了多个属性(标题、开始时间、结束时间、地点、参与者等)。商务事件列表的管理需要高效的数据结构支持,以实现添加、删除、显示和更新等操作。在代码中,商务事件列表通常是使用列表(List)数据结构来存储的。列表是一种灵活的数据结构,可容纳多个商务事件对象,允许对其进行增删改查等操作。

2. 算法复杂度

在商业日程管理系统中,算法的复杂度主要取决于数据结构的大小和操作。例如,删除操作的复杂度取决于列表大小,而排序操作的复杂度取决于排序算法的选择。在这个简单的应用中,通常不需要担心性能问题,但对于更大规模的系统,可能需要优化算法以提高效率。

综上所述,商业日程管理系统是一个展示如何使用算法来解决数据结构问题的典型实例,它强调了算法和数据结构在应用开发中的关键作用,帮助开发者更好地组织和管理数据。

第 11 章　使用算法解决常见数学问题

数学知识是编写算法程序的必备要素之一,例如在编写深度学习、机器学习、算法优化等程序时需要用到高数、概率论等数学知识。在本章的内容中,将详细讲解使用算法解决现实中常见数学问题的知识,然后通过具体实例详细剖析各个知识点的使用方法。

11.1　一段神奇的字符

一段神奇的字符问题也被称为巧填数字问题,是算法应用中的经典问题。在现实应用中,通常使用穷举法解决这个问题。

11.1.1　问题描述

用字母代表 0~9 十个数字中的一个,且不重复。在下面的公式中,首位不能为 0。

```
wwwdot-google=dotcom
```

计算出各个字母代表的数字,符合上述公式。

11.1.2　具体实现:穷举法

在下面的示例文件 maile.py 中,演示了使用穷举法解决神奇字符数学问题的过程。对每个字符进行数字遍历,每次对每位的值取值范围 0~9,然后进行测试运算,一直找到满意的答案为止。具体实现代码如下:

```
import os
import time
from datetime import datetime

#创建一个数据结构来表示字母和它们的状态
class data_struct():
    def __init__(self,letter,status):
        self.letter=letter
        self.status=status  #True表示字母在头部,不能为零,False时可以取零
        if self.status==False:
         self.digit=[0,1,2,3,4,5,6,7,8,9]  #0-9
        else:
            self.digit=[1,2,3,4,5,6,7,8,9]  #1-9

#检查数字列表中是否有重复的数字
def norepeat(list0):
```

```
    length=len(list0)
    list1=[0 for i in range(10)]  #用于统计数字出现的次数
    fori in range(length):
        list1[list0[i]]+=1
        if list1[list0[i]] > 1:
            return False  #如果数字出现次数大于 1,表示有重复
    return True  #没有重复返回 True

if __name__=='__main__':
    #创建字母数据结构
    letterW=data_struct('W',True)
    letterG=data_struct('G',True)
    letterD=data_struct('D',True)
    letterO=data_struct('O',False)
    letterT=data_struct('T',False)
    letterL=data_struct('L',False)
    letterE=data_struct('E',False)
    letterC=data_struct('C',False)
    letterM=data_struct('M',False)

    str1=''
    str2=''
    str3=''
    begintime=datetime.now()  #记录开始时间
    for w in letterW.digit:
        for g in letterG.digit:
            for d in letterD.digit:
                for o in letterO.digit:
                    for t in letterT.digit:
                        for l in letterL.digit:
                            for e in letterE.digit:
                                for c in letterC.digit:
                                    for m in letterM.digit:
                                        list0=[w,g,d,o,t,l,e,c,m]
                                        if True==norepeat(list0):
                                            #根据字母的状态构建字符串
                                            str1=str(w)* 3+str(d)+str(o)+str(t)
                                            str2=str(g)+str(o) * 2+str(g)+str(l)
+str(e)
                                            str3=str(d)+str(o)+str(t)+str(c)+str
(o)+str(m)
                                            if int(str1)-int(str2)==int(str3):
# wwwdot-google=dotcom
                                                print(str1,str2,str3)
    endtime=datetime.now()  #记录结束时间
    deltatime=endtime-begintime  #计算时间差
    print('穷举搜索耗时:',deltatime)  #打印搜索耗时
```

在上述代码中,使用穷举搜索尝试找到三个字符串 str1、str2 和 str3,它们满足等式:int(str1)-int(str2)=int(str3),并且 str1 是由字母 W、D、O、T 构成,str2 是由字母 G、O、O、G、L、E 构成,str3 是由字母 D、O、T、C、O、M 构成。每个字母都有一个状态,True 表示字母在头部,False 表示字母可以为零。程序首先遍历所有可能的字母组合,然后检查它们是否满足等式,如果满足,则打印这些字母组合。程序还会计算搜索所花费的时间。

执行后输出:

```
wwwdot-google=dotcom
777589 188103 589486
777589 188106 589483
穷举搜索耗时: 1:12:32.622001
```

11.2　完全数

完全数是一些特殊的自然数,它所有的真因数(即除了自身以外的约数)之和(即因数函数),恰好等于它本身。

11.2.1　算法分析:遍历满足条件的数字

完全数有许多有趣的性质,我们来具体了解一下。

(1)它们都能写成连续自然数之和。例如:

6=1+2+3

28=1+2+3+4+5+6+7

496=1+2+3+…+30+31

(2)它们的全部因数的倒数之和都是 2,因此每个完全数都是调和数(在数学上,第 n 个调和数是前 n 个正整数的倒数和)。例如:

1/1+1/2+1/3+1/6=2

1/1+1/2+1/4+1/7+1/14+1/28=2

(3)除 6 以外的完全数,还可以表示成连续奇立方数之和。例如:

$28=1^3+3^3$

$496=1^3+3^3+5^3+7^3$

$8128=1^3+3^3+5^3+\cdots+15^3$

$33550336=1^3+3^3+5^3+\cdots+125^3+127^3$

(4)完全数都可以表达为 2 的一些连续正整数次幂之和。例如:

$6=2^1+2^2$

$28=2^2+2^3+2^4$

$8128=2^6+2^7+2^8+2^9+2^{10}+2^{11}+2^{12}$

$33550336=2^{12}+2^{13}+\cdots+2^{24}$

11.2.2　具体实现:计算 1000 以内的完全数

在数学应用中,对于这类求某一范围内满足条件的数的问题,一般采用遍历的方式,对给定范围内的数值一个一个地去判断是否满足条件,这一过程可利用循环来实现。在下面的示例文件 wan.py 中,演示了计算 1000 以内的完全数的过程。

```
def approximateNumber(num:int):
    #函数名已经限制了参数类型,这里就不用做参数类型判断了
    result=[]#所有满足条件的结果存到 result 数组中
    for divisor in range(1,num):#遍历 1-1000
        #temp 中存放约数
        temp=[]
        for dividend in range(1,divisor):#遍历 1-divisor 求所有约数
            if divisor% dividend==0:#判断是不是约数
                temp.append(dividend)#加入约数数组
        tempSum=sum(temp)#求约数和
        if tempSum==divisor:#判断这个数的约数和是否等于这个数
          result.append(tempSum)#得到我们需要的结果,存到数组 result 中
    return  result #返回结果
print(approximateNumber(1000))
```

执行后会输出:

```
[6,28,496]
```

11.3 亲密数

首先来看下亲密数的概念。

如果整数 a 的全部因数(此处的因数包括 1,但不包括 a 本身)之和等于 b,并且整数 b 的全部因数(包括 1,不包括 b 本身)之和等于 a,则将整数 a 和 b 称为亲密数。请编写一个 Python 程序,求指定范围内的亲密数。在现实应用中,通常使用枚举算法解决亲密数问题。

11.3.1 算法分析:累加求和并比较

按照亲密数的定义,要想判断整数 a 是否有亲密数,需要先计算出 a 的全部因数的累加和为整数 b,然后再计算 b 的全部因数的累加和为 n。如果 n 等于 a,则可以判定 a 和 b 是亲密数。计算整数 a 的各因数的算法如下所示:

用 a 依次对 $i(i=1\sim a/2)$ 进行模运算,如果模运算结果等于 0,则 i 为 a 的一个因数;否则 i 就不是 a 的因数。

11.3.2 具体实现:计算 3000 以内的亲密数

编写示例文件 qinmi.py,计算 3000 以内的亲密数。在函数 check(n)中使用 for 循环遍历指定范围内的所有数字,验证每个数字是否是亲密数,具体实现代码如下:

```
def check(n):
    '''
计算各因子之和模块
    '''
    s=0
```

```
    for i in range(1,int(n / 2)+1):
        if n % i==0:
            s+=i
    return s


if __name__=='__main__':
    for i in range(1,3000):
        res=check(i)  #对 1 至 3000 所有数依次求因子和
        if i ! =res and check(res)==i:  #因子和不等于本身,且是亲密数,输出
            print(i,res)
```

执行后会输出 3000 以内的亲密数：

```
220 284
284 220
1184 1210
1210 1184
2620 2924
2924 2620
```

11.4　素数

素数又称质数，是指在大于 1 的自然数中，除了 1 和其本身外，无法被其他自然数整除的数。比 1 大但不是素数的自然数称为合数。1 和 0 既非素数也非合数。素数在数论中有着很重要的地位。

11.4.1　输出 100 以内的所有素数

在传统算法中，首先判断该正整数是否大于、等于或小于本身素数的平方；若大于则判断是否整除该素数，若等于则证明该数是非素数。如果前两者都不成立，则该数小于素数平方证明该数为素数。在本实例中我们采用一个公式，可以将任何大于 1 的正整数 n 唯一表示成有限个素数的乘积：$n=p_1\times p_2\times,\cdots,\times p_s$，这里 $p_1\leqslant p_2\leqslant,\cdots,\leqslant p_s$ 且是素数。

编写示例文件 su. py，功能是找到 2 到 99 之间的所有素数并将它们存储在一个列表中。它通过迭代每个数字，使用 isPrimeNumber 函数检查其是否为素数，如果是素数，则添加到 prime 列表中。最后，打印出找到的素数列表。具体实现代码如下：

```
#定义一个函数,用于判断一个数是否为素数
#n-待判断的数
#s-素数列表,包含已经找到的素数
def isPrimeNumber(n,s):
    for k in s:
        #如果素数的平方大于 n,就不需要再继续检查
        if k * k>n:
            break
```

```
        #如果 n 能被 k 整除,不是素数,返回 None
        if n % k==0:
            return None
    return n

#创建一个空的素数列表
prime=[]

#循环从 2 到 99,判断每个数是否为素数
for n in range(2,100):
    res=isPrimeNumber(n,prime)
    #如果 res 不为 None,表示 n 是素数,将其添加到素数列表中
    if res:
        prime.append(res)

#打印找到的素数列表
print(prime)
```

执行后会输出:

```
[2,3,5,7,11,13,17,19,23,29,31,37,41,43,47,53,59,61,67,71,73,79,83,89,97]
```

11.4.2 输出 100 以内的所有孪生素数

所谓孪生素数指的就是间隔为 2 的相邻素数,它们之间的距离已经近得不能再近了,就像孪生兄弟一样。最小的孪生素数是 3 和 5。但是随着数字的增大,孪生素数的分布变得越来越稀疏,寻找孪生素数也变得越来越困难。有一个十分精确的公式来描述孪生素数,叫孪生素数普遍公式。用这个公式可以求出所有的孪生素数。

该普遍公式的描述为:"如果自然数 Q 与 $Q+2$ 都不能被不大于$\sqrt{(Q+2)}$的任何素数整除,则 Q 与 $Q+2$ 是一对孪生素数。

1. 算法分析

首先创建一个列表,然后从第 0 位开始,如果后面的数能被这个数整除,则从数组中移除该元素,以此类推,最后留下的就是素数。Java 语言在遍历列表时删除该元素,可以对循环变量 i 进行 i--的操作,防止以后的 get(i)方法报错。但是 Python 语言不支持这个操作,只能在遍历结束以后再去删除。

2. 具体实现

编写示例文件 luan. py,判断并输出 100 以内的孪生素数,具体实现流程如下:

(1)建立一张表,用 True 和 False 标识一个数是否是素数。

(2)找到一个素数 p,然后把 p 的倍数都标记成非素数。

(3)查表检测 $p+1$,如果非素数检测下一个,是素数则执行第 1 步的操作。

具体实现代码如下:

```
#创建一个长度为 100 的布尔值列表 pt,全部初始化为 True
pt=[True] * 100
```

```
#创建一个空的结果列表 res
res=[]

#遍历从 2 到 99 的数字
for p in range(2,100):
    #如果 pt[p]为 False,表示 p 已经被标记为非素数,跳过
    if not pt[p]:
        continue
   # 否则,将 p 添加到结果列表 res 中
    res.append(p)
    #将 p 的倍数标记为非素数,从 p* p 开始,直到 100,每隔 p 个数字标记一次
    for i in range(p* p,100,p):
        pt[i]=False

#遍历结果列表 res,查找相邻的素数差为 2 的情况,并打印出来
for i in range(1,len(res)):
    if res[i]-res[i-1]==2:
        print(res[i-1],res[i])
```

执行后会输出：

```
3 5
5 7
11 13
17 19
29 31
41 43
59 61
71 73
```

11.4.3　输出 900 以内的所有可逆素数

可逆素数是指一个素数的各位数值顺序颠倒后得到的数仍为素数,例如 113 和 311。编写程序找出 900 以内的所有可逆素数。

1. 算法分析

我们首先找出 900 以内的所有素数。然后迭代这些素数,逆向判断这个素数是否是可逆素数,从而得到问题的解。

2. 具体实现

示例文件 keni. py 的具体实现流程如下：

(1)用筛选法找到 900 以内素数并存入表中。

(2)迭代表内中的所有数,检测它的反序数是否是素数。

(3)如果第 2 步的条件为真,则打印输出这两个素数。

具体实现代码如下：

```
#定义一个函数 getPrimeTable,用于生成小于 n 的素数表
def getPrimeTable(n):
```

```
    pt=[True] * n
    for p in range(2,n):
        if not pt[p]:continue
        for i in range(p * p,n,p):
            pt[i]=False
    return pt

#调用 getPrimeTable 生成小于 900 的素数表
pt=getPrimeTable(900)

#遍历素数表,查找符合条件的素数对
for p in range(10,900):
    if not pt[p]:continue
    #将 p 的数字翻转得到 q
    q=int(str(p)[::-1])
    #检查是否存在 q 小于 900 并且 q 也是素数
    if p ! =q < 900 and pt[q]:
        #找到符合条件的素数对,打印
        pt[q]=False
        print(p,q)
```

执行后会输出:

```
13 31
17 71
37 73
79 97
107 701
113311
157 751
167 761
337 733
347 743
```

11.4.4 输出 1000 以内的所有回文素数

如果一个正整数从左向右和从右向左读结果值相同且都是素数,该正整数即称为回文素数,如 101 和 121。请编写一个程序,输出 1000 以内的所有回文素数。

实例文件 hui. py 的具体实现代码如下:

```
import math                    #导入 math 模块用于进行数学计算
def isPrimeNumber(num):        #定义函数 isPrimeNumber,用于判断一个数字是否为素数
    i=2
    x=math. sqrt(num)
    while i < x:
        if num % i==0:
            return False
        i+=1
```

```
    return True

#定义函数 Reverse,用于将一个数字进行翻转
def Reverse(num):
    rNum=0
    while num:
        rNum=rNum * 10+num % 10
        num //=10
    return rNum

#定义函数 RPrimeNumber,用于找出小于给定数的所有既是素数又是其翻转数的数字
def RPrimeNumber(num):
    arr=[]
    i=2
    while i < num:
        if isPrimeNumber(i) and i==Reverse(i):
            arr.append(i)
        i+=1
    return arr
#调用 RPrimeNumber 函数并打印结果
print(RPrimeNumber(1000))
```

执行后会输出：

```
[2,3,4,5,7,9,11,101,121,131,151,181,191,313,353,373,383,727,757,787,797,
919,929]
```

第 12 章　经典算法问题

经过本书前面内容的学习,常用算法的基本知识和具体示例已经基本讲解完毕。在本章的内容中,将介绍一些常见的算法经典问题,把我们前面学到的算法思路融合起来,真正解决实践中的问题,不断积累开发经验。

12.1　借书方案

小明有五本新书,要借给 A、B、C 三位小朋友,若每人每次只能借一本,则可以有多少种不同的借法?

12.1.1　算法分析:枚举算法

本问题实际上是一个排列问题,即求从 5 个中取 3 个进行排列的方法的总数。首先对 5 本书从 1~5 进行编号,然后使用枚举的方法。假设 3 个人分别借这 5 本书中的一本,当 3 个人所借的书的编号都不相同时,就是满足题意的一种借阅方法。

12.1.2　具体实现

编写示例文件 jie.py,使用 for 循环遍历这 3 个人每次分别借这 5 本书中的一本,具体实现代码如下:

```
count=0  #记录第几种分法
print("假设五本书分别为 1,2,3,4,5,主要借法有")

for a in range(1,6):
    for b in range(1,6):
        if a! =b:
            for c in range(1,6):
                if c! =a and c! =b:
                    count+=1
                    print("第%d 种:A 分到书%d,B 分到书%d,C 分到书%d" % (count,a,
b,c))
```

执行后会输出:

```
假设五本书分别为 1,2,3,4,5,主要借法有
第 1 种:A 分到书 1,B 分到书 2,C 分到书 3
//省略中间的执行结果
第 60 种:A 分到书 5,B 分到书 4,C 分到书 3
```

12.2　平分七筐鱼问题

A、B、C 三位渔夫出海打鱼,他们随船带了 21 个箩筐。返航时有 7 筐装满了鱼,还有 7 筐装了半筐鱼,另外 7 筐则是空的,由于他们没有秤,只好通过目测认为 7 个满筐鱼的重量是相等的,7 个半筐鱼的重量是相等的。在不将鱼倒出来的前提下,怎样将鱼和筐平分为三份?

12.2.1　算法分析:回溯算法

已知有 21 个筐和三个渔夫,那么每个渔夫应分到 7 个筐。而且 7 个筐装满了鱼,7 个筐装了一半的鱼,7 个筐没有鱼,又不能倒鱼。我们假设满的筐为 100,一半的筐为 50,空的筐为 0,那么每个渔夫应分到(7×100+7×50+7×0)/3=350。先保证每个渔夫有 7 个筐,其中第一个是 100 的筐,第二个数字是 50 的筐,第三个数字是 0 的筐,共有如下几种可能(第一层 for 循环):

```
[[1,1,5],[1,2,4],[1,3,3],[1,4,2],[1,5,1],[2,1,4],[2,2,3],[2,3,2],[2,4,1],
[3,1,3],[3,2,2],[3,3,1],[4,1,2],[4,2,1],[5,1,1]]
```

根据上述关系再保证每个渔夫的鱼有 350,共有如下几种可能(第二层 for 循环):

```
[[1,5,1],[2,3,2],[3,1,3]]
```

最后求出满足筐数位为 7 且鱼的重量为 350 的可能如下:

```
[1,5,1][3,1,3][3,1,3]
[2,3,2][2,3,2][3,1,3]
[2,3,2][3,1,3][2,3,2]
[3,1,3][1,5,1][3,1,3]
[3,1,3][2,3,2][2,3,2]
[3,1,3][3,1,3][1,5,1]
```

12.2.2　具体实现

在下面的示例文件 pingfen.py 中,演示了解决“平分七筐鱼”问题的过程。

具体实现代码如下:

```
#初始化两个空列表 x 和 y
x=[]
y=[]

#使用两层循环生成 x 列表,每个元素都是一个包含 3 个整数的列表
for i in range(1,6):
    for j in range(1,6):
        k=7-i-j
        ifk <=0:
            break
        else:
            x.append([i,j,k])
```

```
#遍历 x 列表中的每个元素,计算它们的总和,如果总和等于 350,将它们添加到 y 列表
for yu in x:
    yu_sum=yu[0] * 100+yu[1] * 50+yu[2] * 0
    if yu_sum==350:
        y.append(yu)

#初始化另外三个空列表 yf1,yf2,yf3
yf1=[]
yf2=[]
yf3=[]

#使用三层嵌套循环遍历 y 列表中的每个元素,尝试找到满足条件的元素组合
for yf1 in y:
    for yf2 in y:
        for yf3 in y:
            #如果三个元素的第一个和第二个分量之和都等于 7,就打印这三个元素
            if yf1[0]+yf2[0]+yf3[0]==7 and yf1[1]+yf2[1]+yf3[1]==7:
                print(yf1,yf2,yf3)
```

执行后会输出:

```
[1,5,1] [3,1,3] [3,1,3]
[2,3,2] [2,3,2] [3,1,3]
[2,3,2] [3,1,3] [2,3,2]
[3,1,3] [1,5,1] [3,1,3]
[3,1,3] [2,3,2] [2,3,2]
[3,1,3] [3,1,3] [1,5,1]
```

12.3 五家共井问题

五家共井是《九章算术》中的著名题目,其意思是:现在有五家共用一口井,甲、乙、丙、丁、戊五家各有一条绳子提水(下面用甲、乙、丙、丁、戊表示每一家绳子的长度),其中:甲×2+乙=井深,乙×3+丙=井深,丙×4+丁=井深,丁×5+戊=井深,戊×6+甲=井深,求甲、乙、丙、丁、戊各家绳子的长度和井深。

12.3.1 算法分析:方程组求解

本题目用的是五元一次方程组,然后使用回溯法试探方程组是否成立。

设甲、乙、丙、丁、戊五根绳子的长度分别是 x、y、z、s、t,井深 u,那么列出方程组:

$$\begin{cases}2x+y=u\\3y+z=u\\4z+s=u\\5s+t=u\\6t+x=u\end{cases}$$

12.3.2 具体实现

编写示例文件 jing.py,使用 while 循环试探每一个方程组的解,只要满足方程组的解就是问题的答案。具体实现代码如下:

```
#定义一个函数 fun
def fun():
    e=0
    while True:
        e+=4
        a=0
        while True:
            a+=5
            d=e+a / 5
            c=d+e / 4
        #检查 c 和 d 是否满足一定的条件,如果不满足条件,继续下一次迭代
        if c % 2 ! =0 or d % 3 ! =0:
                continue
            b=c+d / 3
            #如果 b+c / 2 小于 a,跳出内层循环
            if b+c / 2 < a:
                break
            #如果 b+c / 2 等于 a,计算 deep,并打印结果,然后返回结果
            if b+c / 2==a:
              deep=2 * a+b
                print('a-->%d,b-->%d,c-->%d,d-->%d,e-->%d,deep-->%d'% (a,
b,c,d,e,deep))
                return a,b,c,d,e,deep

#调用 fun 函数并打印返回值
print(fun())
```

上述代码的功能是在满足一定条件的情况下,计算并打印一组满足条件的整数 *a*、*b*、*c*、*d*、*e* 和 *deep*。通过嵌套的 while 循环,不断增加 *a* 和 *e* 的值,并计算满足特定条件的整数 *b*、*c* 和 *d*。当满足条件时,打印结果并返回这组整数。执行后会输出:

```
a--> 265,b--> 191,c--> 148,d--> 129,e--> 76,deep--> 721
(265,191.0,148.0,129.0,76,721.0)
```

12.4 常胜将军问题

常胜将军问题是一个非常有意思的智力游戏趣题,其大意如下:甲和乙两人玩抽取火柴的游戏,共有 21 根火柴。每个人每次最多抽取 4 根火柴,最少抽取 1 根火柴。如果某个人抽取到最后一根火柴则输了。甲让乙先抽取,结果每次都是甲赢。这是为什么呢?请编程演示常胜将军的各种解法。

12.4.1 算法分析:回溯算法

甲要每次都赢,那么每次甲给乙只剩下 1 根火柴,因为此时乙至少取 1 根火柴,这样才能保证甲常胜。由于乙先抽取,因此只要保证甲抽取的数量和乙抽取的数量之和为 5 即可。

12.4.2 具体实现

编写示例文件 chang. py,使用 while 循环遍历每一次取火柴的过程,让每次取火柴数为 1 到 4,设置最后剩余数为 1 根。具体实现代码如下:

```
import random
def fun(match):
  idx=0
  while match > 1:
      idx+=1
      if idx % 2==1:
        gamer='A'
        #如果剩余比赛大于等于 5,随机选择 1 到 4 之间的一个数;否则,随机选择 1 到剩余比赛数之间的一个数
        choice=random.choice(range(1,5)) if match >=5 else random.choice(range(1,match+1))
      else:
        gamer='B'
        if match > 5:#如果剩余比赛大于 5,选择一个数 x,使(match-x) % 5==1,这样 A 无论怎么选,B 都能获胜
            for x in range(1,5):
              if(match-x) % 5==1:
                  choice=x
                  break
        else:
          choice=match-1
      match-=choice
      print(gamer,choice,match)
  another='A'if gamer=='B'else 'B'
  loser=gamer if match==0 else another
  print('%s 胜利! '% loser)
fun(21)
```

执行后会输出:

```
A 3 18
B 2 16
A4 12
B 1 11
A 2 9
B 3 6
A 2 4
B 3 1
A 胜利!
```

12.5　三色彩带问题

假设有一条绳子,上面有多条红、白、蓝三种颜色的彩带,开始绳子上的彩带颜色并没有顺序,若将之分类,并排列为蓝、白、红的顺序,要如何移动次数才会最少。注意只能在绳子上进行这个动作,而且一次只能调换两条彩带。

12.5.1　算法分析:排序算法

在一条绳子上移动,在程序中就意味只能使用一个阵列,而不能使用其他的阵列辅助。解决问题的方法很简单,可以想象自己在移动彩带,从绳子开头进行,遇到蓝色往前移,遇到白色留在中间,遇到红色往后移,如图 12-1 所示。

要想让移动次数最少就要一些技巧:W 所在的位置为白色,则 $W+1$,表示未处理的部分移至白色群组。如果 W 部分为蓝色,则 B 与 W 的元素对调,而 B 与 W 必须各+1,表示两个群组都多了一个元素。如果 W 所在的位置是红色,则将 W 与 R 交换,但 R 要减 1,表示未处理的部分减 1。注意 B、W、R 并不是三色彩带的个数,它们只是一个移动的指标;究竟什么时候移动结束呢?一开始时未处理的 R 指标等于彩带的总数,当 R 的索引数减至少于 W 的索引数时,表示接下来的彩带就都是红色了,此时就可以结束移动,如图 12-2 所示。

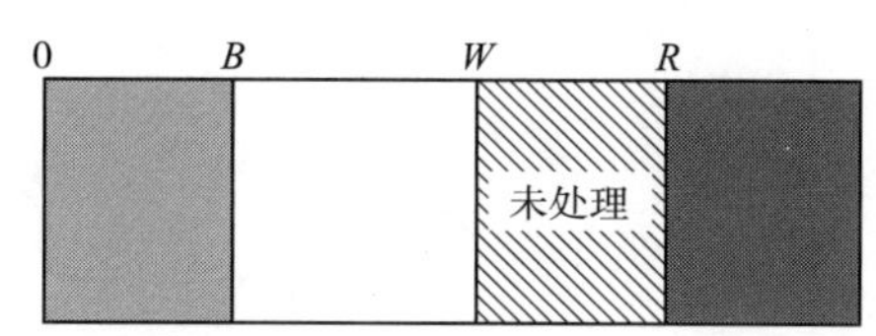

图 12-1　三色彩带最初的排列

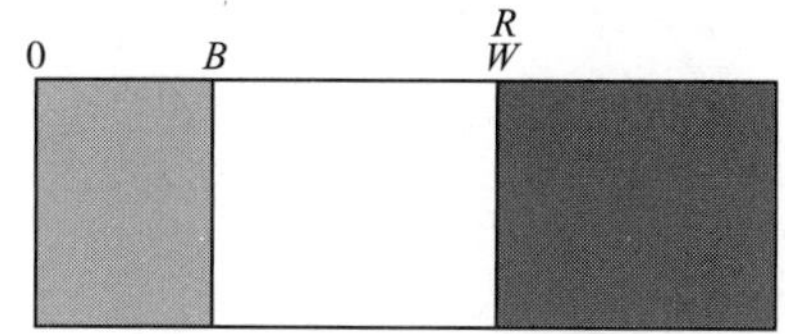

图 12-2　移动结束

12.5.2　具体实现

编写示例文件 qi. py,使用两次 for 循环进行遍历排序,第 1 次 for 循环将第一个区域全部交换成白色,第 2 次 for 循环把第二个区域全部交换成红色,然后在 for 循环中分别使用 if 语句判断遇到彩带的颜色,遇到蓝色往前移,遇到白色留在中间,遇到红色往后移,最终实现排列问题。具体实现代码如下:

```
#导入 random 模块,用于生成随机数
import random

#定义一个函数,用于重新排列列表元素以达到一定目标
def fun(l):
    count=0
    a=l.count(0)   #统计列表中 0 的个数
    b=a+l.count(1)   #统计列表中 0 和 1 的个数
    k1=a
    k2=len(l)-1
```

```
    #把第一个区域全部交换成白色
    for i in range(a):
        if l[i]==0:
            continue
        if l[i]==1:
            while l[k1]!=0:
                k1+=1
            k=k1
        elif l[i]==2:
            while l[k2]!=0:
                k2-=1
            k=k2
        l[k]=l[i]
        l[i]=0
      count+=1

    #把第二个区域全部交换成红色
    k=len(l)-1
    for i in range(a,b):
        if l[i]==2:
            while l[k]!=1:
                k-=1
            l[k]=l[i]
            l[i]=1
            count+=1
    return count

#生成一个包含随机元素(0、1、2)的列表
t=[random.choice([0,1,2]) for i in range(30)]
print(t)  #打印生成的列表
steps=fun(t)  #调用 fun 函数对列表重新排列
print(t,steps)  #打印重新排列后的列表和步骤数
```

在上述代码中,首先导入了 random 模块以生成随机数。然后定义了一个名为 fun 的函数,用于重新排列包含 0、1、2 的随机元素的列表,使所有 0 排在前部分,所有 1 排在中间部分,所有 2 排在后部分,并返回重新排列所需的步骤数。接着,生成一个随机元素的列表,并调用 fun()函数对其进行重新排列。最后,输出重新排列后的列表和步骤数。执行后会输出:

```
[2,0,0,0,0,2,2,0,2,1,2,1,2,0,1,1,1,1,2,0,0,0,2,2,2,0,2,0,0,0]
[0,0,0,0,0,0,0,0,0,0,0,0,0,1,1,1,1,1,1,2,2,2,2,2,2,2,2,2,2,2] 9
```

第 13 章　人工智能算法

人工智能是研究、开发用于模拟、延伸和扩展人类智能的理论、方法、技术及应用系统的一门新的技术科学。在本章的内容中,将详细介绍常用的人工智能算法及其实践应用知识。

13.1　线性回归算法

线性回归是利用数理统计中 r 回归分析,来确定两种或两种以上变量间相互依赖的定量关系的一种统计分析方法。在本节的内容中,将详细讲解线性回归算法的基础知识。

13.1.1　线性回归介绍

在人工智能领域,经常用线性回归算法解决回归问题。在统计学中,线性回归是利用线性回归方程的最小平方函数对一个或多个自变量和因变量之间关系进行建模的一种回归分析。这种函数是一个或多个称为回归系数的模型参数的线性组合。只有一个自变量的称为简单回归,多于一个自变量的叫作多元回归。

线性回归模型经常用最小二乘逼近来拟合,但它们也可用别的方法来拟合,比如用最小化"拟合缺陷"在一些其他规范里(比如最小绝对误差回归),或者在桥回归中最小化最小二乘损失函数的惩罚。相反,最小二乘逼近也可以用来拟合非线性的模型。因此,尽管"最小二乘法"和"线性模型"是紧密相连的,但它们是不能画等号的。

13.1.2　绘制三维平面

在数学应用中,使用线性方程 $z=ax+by+c$ 表示空间中的一个平面。在下面的示例文件 3D. py 中,使用一组虚拟的数据绘制了一个三维平面,具体实现代码如下:

```
import numpy as np
from sklearn import linear_model
from mpl_toolkits.mplot3d import Axes3D
import matplotlib.pyplot as plt

xx,yy=np.meshgrid(np.linspace(0,10,10),np.linspace(0,100,10))
zz=1.0 * xx+3.5 * yy+np.random.randint(0,100,(10,10))

#构建成特征、值的形式
X,Z=np.column_stack((xx.flatten(),yy.flatten())),zz.flatten()

#建立线性回归模型
```

```
regr=linear_model.LinearRegression()

#拟合
regr.fit(X,Z)

#不难得到平面的系数、截距
a,b=regr.coef_,regr.intercept_

#给出待预测的一个特征
x=np.array([[5.8,78.3]])

#方式 1:根据线性方程计算待预测的特征 x 对应的值 z(注意:np.sum)
print(np.sum(a * x)+b)

#方式 2:根据 predict 方法预测的值 z
print(regr.predict(x))

#画图
fig=plt.figure()
ax=fig.gca(projection='3d')

#1. 画出真实的点
ax.scatter(xx,yy,zz)

#2. 画出拟合的平面
ax.plot_wireframe(xx,yy,regr.predict(X).reshape(10,10))
ax.plot_surface(xx,yy,regr.predict(X).reshape(10,10),alpha=0.3)

plt.show()
```

对上述代码的具体说明如下:

(1)导入必要的库,包括 NumPy(数值计算库)、scikit-learn 中的线性回归模型、Matplotlib 中的 3D 绘图工具。

(2)使用 np. meshgrid()函数创建一个网格(xx、yy),其中 xx 包含了从 0 到 10 的 10 个均匀间隔的数,yy 包含了从 0 到 100 的 10 个均匀间隔的数。

(3)生成一个随机的三维数据集 zz,其中的值由线性方程($1.0 * xx+3.5 * yy$)和随机整数组成。

(4)将数据格式化为特征和目标值的形式,即 X 包含特征的坐标点,Z 包含目标值。

(5)创建一个线性回归模型(regr),使用线性回归模型拟合数据。

(6)计算线性回归模型的系数 a 和截距 b,定义一个待预测的特征 x,以便进行预测。

(7)使用两种方式分别计算待预测特征 x 对应的值 z:一种是通过线性方程 np. sum(ax)+b,另一种是通过模型的 predict()方法。

(8)创建一个 3D 图形,用于可视化数据。绘制散点图显示真实数据点,然后绘制拟合的平面,包括线框图和表面图。最后,通过函数 plt. show()显示图形。

上段代码执行了一个简单的线性回归拟合,然后可视化了数据散点图和拟合的平面。具体来说,它演示了如何使用 scikit-learn 库进行线性回归分析,并如何使用 Matplotlib 库绘制三维图形来可视化结果。执行以上代码后会绘制一个三维平面,如图 13-1 所示。

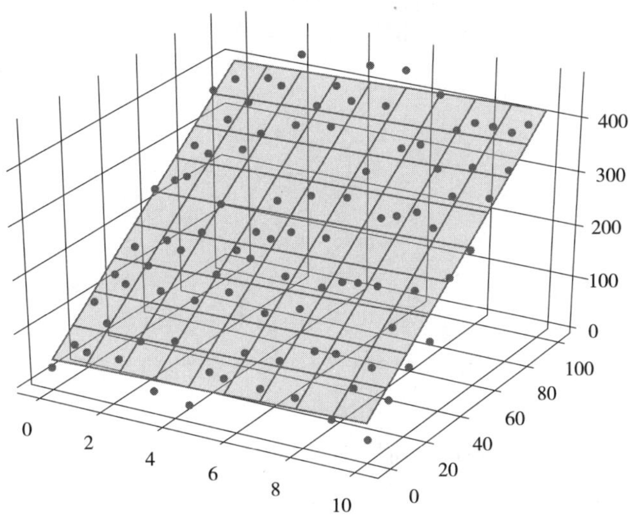

图 13-1　绘制三维平面的执行效果

13.1.3　实战案例:构建线性回归模型预测任意面积房屋的价格

在监督学习问题中经常用训练数据来估计模型参数,训练数据由解释变量的历史观测值和对应的响应变量构成。模型可以预测不在训练数据中的解释变量对应的响应变量的值,回归问题的目标是预测出响应变量的连续值。

假设想计算房子的价格,用机器学习方法构建一个线性回归模型,通过分析房子的面积与单价的数据的线性关系,来预测任意面积房屋的价格。我们先用库 scikit-learn 写出回归算法模型,然后将模型应用到具体问题中。假设我们已经知道了部分房源的面积与价格的数据,这就构成了训练数据,具体如表 13-1 所示。

表 13-1　部分房源的价格

训练样本	面积(m^2)	单价(元/m^2)
1	90	20000
2	100	21000
3	110	21500
4	120	22000
5	160	25000

编写示例文件 Linear01. py,通过数据的可视化直接观察房屋单价与户型面积之间是否存在线性关系,通过散点图在二维平面中进行可视化表示。具体实现代码如下:

```
import matplotlib.pyplot as plt
from matplotlib.font_manager import FontProperties
font=FontProperties(fname=r"c:\windows\fonts\msyh.ttc",size=10)
```

```
def runplt(size=None):
    plt.figure(figsize=size)
    plt.title('房屋单价与户型面积',fontproperties=font)
    plt.xlabel('户型面积(平方米)',fontproperties=font)
    plt.ylabel('单价(元)',fontproperties=font)
    plt.axis([0,200,0,30000])
    plt.grid(True)
    return plt
plt=runplt()
X=[[90],[100],[110],[120],[160]]
y=[[20000],[21000],[21500],[22000],[25000]]
plt.plot(X,y,'k.')
plt.show()
```

在上述代码中,函数 runplt()用于设置绘图的基本属性和参数,它包括以下操作:

(1)创建一个绘图窗口,并设置窗口的大小。

(2)设置图表的标题、x 轴标签、y 轴标签,以及坐标轴的范围。

(3)打开图表的网格线,最后返回一个绘图对象。

执行后会可视化展示房屋单价与户型面积之间的线性关系,如图 13-2 所示。

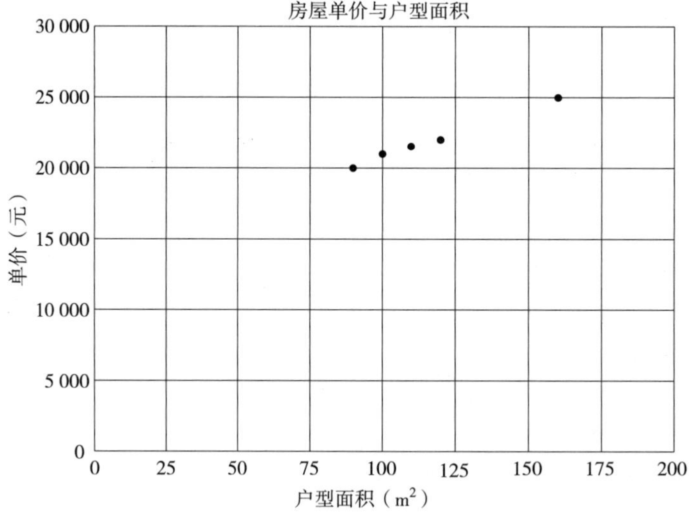

图 13-2　房屋单价与面积之间的线性关系

在图 13-2 中,x 轴表示房屋的面积,y 轴表示房屋的单价。可以看出,房屋的单价与其房价相关。编写示例文件 Linear02. py,使用库 scikit-learn 来构建预测模型,预测面积是 130 米^2 的房子的单价是多少。具体实现代码如下:

```
from sklearn import linear_model        #表示可以调用 sklearn 中的 linear_model 模块进行线性回归
from IPython.display import Image
model=linear_model.LinearRegression()
X=[[90],[100],[110],[120],[160]]
y=[[20000],[21000],[21500],[22000],[25000]]
```

```
model.fit(X,y)
print(model.intercept_)  #截距
print(model.coef_)  #线性模型的系数
a=model.predict([[130]])
#a[0][0]
print("预测面积130平方米的房子的单价是:
{:.2f}".format(model.predict([[130]])[0][0]))
```

执行以上代码后会输出：

```
[13835.61643836]
[[69.52054795]]
预测面积130平方米的房子的单价是:22873.29
```

一元线性回归假设解释变量和响应变量之间存在线性关系，这个线性模型所构成的空间是一个超平面。超平面是 n 维欧氏空间中余维度等于 1 的线性子空间，例如平面中的直线、空间中的平面等，总比包含它的空间少一个维度。在一元线性回归中，一个维度是响应变量，另一个维度是解释变量，总共两个维度。因此，其超平面只有一维，就是一条线。

在库 scikit-learn 中，所有的估计器都带有方法 fit()和方法 predict()。其中方法 fit()用来分析模型参数，方法 predict()是通过方法 fit()算出的模型参数构成的模型，对解释变量进行预测获得的值。因为所有的估计器都有这两种方法，所以库 scikit-learn 很容易试验不同的模型。

通过使用类 LinearRegression 中的方法 fit()试验下面的一元线性回归模型：

$$y=\alpha+\beta x$$

其中 y 表示响应变量的预测值，本例中指房屋价格预测值；x 是解释变量，本例中指房屋的面积。截距 α 和系数 β 是线性回归模型最关心的事情。

编写示例文件 Linear03.py，绘制一条直线表示房屋的面积与单价的线性关系，通过使用这个模型可以计算不同面积房屋的价格，具体实现代码如下：

```
import matplotlib.pyplot as plt
from matplotlib.font_manager import FontProperties
from sklearn import linear_model
font=FontProperties(fname=r"c:\windows\fonts\msyh.ttc",size=10)
def runplt(size=None):
    plt.figure(figsize=size)
    plt.title('房屋单价与户型面积',fontproperties=font)
    plt.xlabel('户型面积(平方米)',fontproperties=font)
    plt.ylabel('单价(元)',fontproperties=font)
    plt.axis([0,200,0,30000])
    plt.grid(True)
    return plt
plt=runplt()
X=[[90],[100],[110],[120],[160]]
y=[[20000],[21000],[21500],[22000],[25000]]
plt.plot(X,y,'k.')
X2=[[0],[80],[140],[200]]
```

```
model=linear_model.LinearRegression()
model.fit(X,y)
y2=model.predict(X2)
plt.plot(X2,y2,'g-')
plt.show()
```

在上述代码中,使用 Matplotlib 绘制了两组数据的散点图,其中一组表示户型面积,另一组表示房屋单价。然后拟合了一个线性回归模型,以找到这两组数据之间的线性关系,并绘制了模型的线性拟合线,用来直观地表示这种关系。最终的可视化结果包括散点图和线性拟合线,帮助观察者理解户型面积与房屋单价之间的趋势和关联。执行以上代码后会绘制一条表示房子的面积与单价的线性关系的直线,如图 13-3 所示。

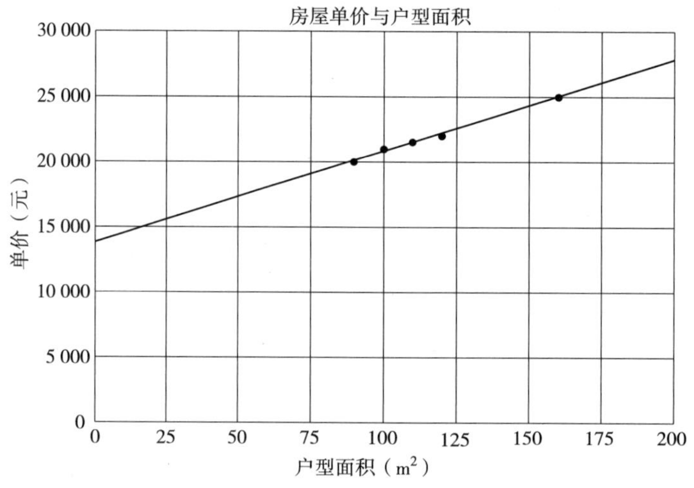

图 13-3 绘制的线性关系直线

编写示例文件 Linear04.py 实现带成本函数的模型评估功能,通常将成本函数(cost function)称为损失函数(loss function),用来定义模型与观测值的误差。模型预测的价格与训练集数据的差异称为残差(residuals)或训练误差(training errors)。具体实现代码如下:

```
import matplotlib.pyplot as plt
from matplotlib.font_manager import FontProperties
from sklearn import linear_model
font=FontProperties(fname=r"c:\windows\fonts\msyh.ttc",size=10)
def runplt(size=None):
    plt.figure(figsize=size)
    plt.title('房屋单价与户型面积',fontproperties=font)
    plt.xlabel('户型面积(平方米)',fontproperties=font)
    plt.ylabel('单价(元)',fontproperties=font)
    plt.axis([0,200,0,30000])
    plt.grid(True)
    return plt

plt=runplt()
X=[[90],[100],[110],[120],[160]]
```

```
y=[[20000],[21000],[21500],[22000],[25000]]
plt.plot(X,y,'k.')
X2=[[0],[80],[140],[200]]
model=linear_model.LinearRegression()
model.fit(X,y)
y2=model.predict(X2)
plt=runplt(size=(10,10))
plt.plot(X,y,'k.')
y3=[18000,18000,18000,18000]
y4=y2* 0.5+5
model.fit(X[1:-1],y[1:-1])
y5=model.predict(X2)
plt.plot(X,y,'k.',label="X,y")
plt.plot(X2,y2,'g-.',label="X2 y2")
plt.plot(X2,y3,'r-.',label="X2,y3")
plt.plot(X2,y4,'y-.',label="X2,y4")
plt.plot(X2,y5,'o-',label="X2,y5")
plt.legend()
plt.show()
```

对上述代码的具体说明如下：

(1)创建一个具有自定义字体属性的图表,包括标题、x 轴标签、y 轴标签,并设置坐标轴的范围,以及打开网格线。

(2)绘制原始数据集(x,y)的散点图,首先创建另一个数据集($x2$),并使用线性回归模型拟合原始数据集(x,y),得到拟合结果($y2$)。

(3)创建一个更大的图表,绘制多个数据集和曲线。使用图例标明每个数据集和曲线的含义。

执行以上代码后会绘制模型评估线性图,如图 13-4 所示。

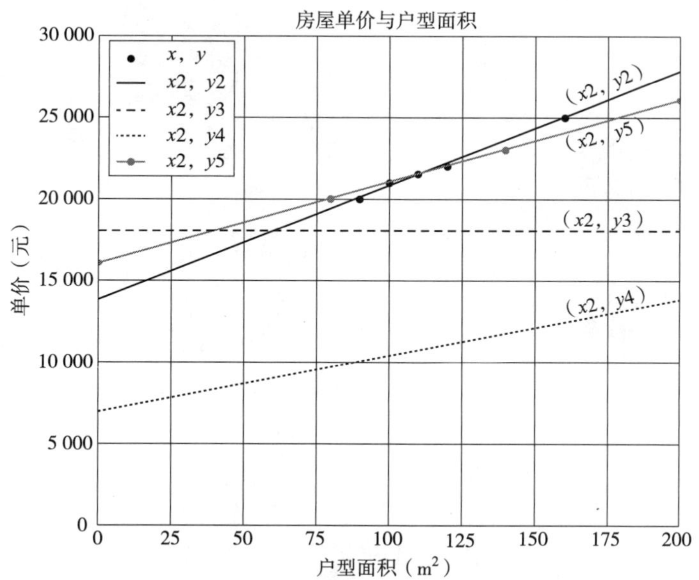

图 13-4　绘制的模型评估线性图

编写示例文件 Linear05. py 计算预测误差和残差,其中预测误差是指模型预测的价格与测试集数据的差异,模型的残差是训练样本点与线性回归模型的纵向距离,具体实现代码如下:

```
import matplotlib.pyplot as plt
from matplotlib.font_manager import FontProperties
from sklearn import linear_model
font=FontProperties(fname=r"c:\windows\fonts\msyh.ttc",size=10)
def runplt(size=None):
    plt.figure(figsize=size)
    plt.title('房子单价与户型面积',fontproperties=font)
    plt.xlabel('户型面积(平方米)',fontproperties=font)
    plt.ylabel('单价(元)',fontproperties=font)
    plt.axis([0,200,0,30000])
    plt.grid(True)
    return plt

plt=runplt()
X=[[90],[100],[110],[120],[160]]
y=[[20000],[21000],[21500],[22000],[25000]]

plt=runplt()
plt.plot(X,y,'k.')
X2=[[11743],[24210],[26900],[27400],[30700]]
model=linear_model.LinearRegression()
model.fit(X,y)
y2=model.predict(X2)
plt.plot(X,y,'k.')
plt.plot(X2,y2,'g-')

#残差预测值
yr=model.predict(X)
#  enumerate 函数可以把一个 list 变成索引-元素对
for idx,x in enumerate(X):
    plt.plot([x,x],[y[idx],yr[idx]],'r-')
plt.show()

import numpy as np
print('残差平方和:{:.2f}'.format(np.mean((model.predict(X)-y) ** 2)))
```

在上述代码中,首先创建了一个图表,分别设置标题、坐标轴标签、坐标轴范围,打开网格线,并返回一个图表对象,绘制原始数据集(x,y)的散点图。然后创建另一个数据集($x2$),使用线性回归模型拟合原始数据集(x,y),并绘制拟合结果($y2$)的线性曲线。然后计算残差(拟合误差),并将每个数据点到拟合线的距离绘制在图表上,用于可视化残差。最后,打印输出残差的平方和。执行以上代码后会绘制误差线性图并打印输出残差值,如图 13-5 所示。

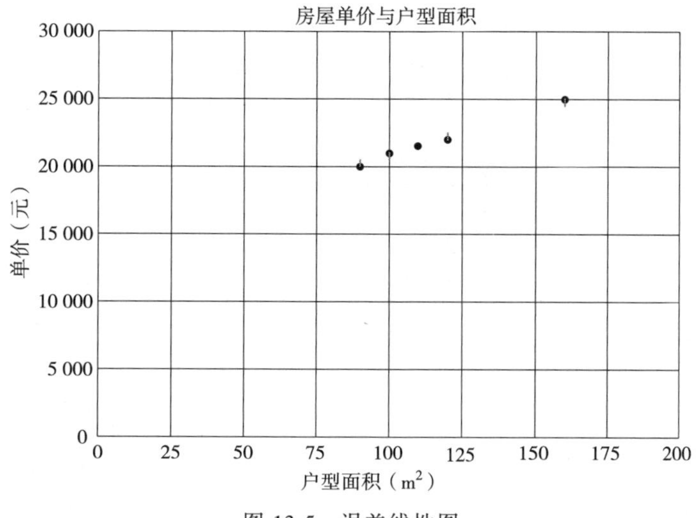

图 13-5 误差线性图

13.2 二元决策树算法

二元决策树是一种逼近离散函数值的机器学习方法，它通过构建树状结构来模拟决策过程，从而对新数据进行分析和预测，特别适合于解决分类和回归问题。

13.2.1 何为二元决策树

学习过二叉树的读者会知道二叉树是一个连通的无环图，每个节点最多有两个子树的树结构。如图 13-6 就是一个深度为 3 的二叉树。二元决策树与此类似，只不过二元决策树是基于属性做一系列二元(是/否)决策。每次决策从下面的两种决策中选择一种，然后又会引出另外两种决策，依次类推，直到叶子节点，即最终的结果。也可以将二元决策树理解为是对二叉树的遍历，或者很多层的 if-else 嵌套。

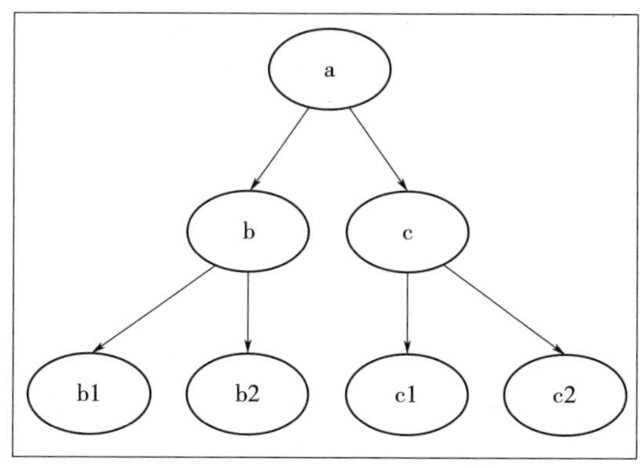

图 13-6 二叉树示例

需要特别注意的是，二元决策树中的深度算法与二叉树中的深度算法是不一样的。二叉树的深度是指有多少层，而二元决策树的深度是指经过多少层计算。以图 13-6 为例，二叉树的深度为 3，而在二元决策树中深度为 2。图 13-7 就是一个二元决策树的例子，其中最关键的是如何选择切割点：即 X[0]<=-0.075 中的-0.075 是如何选择出来的。

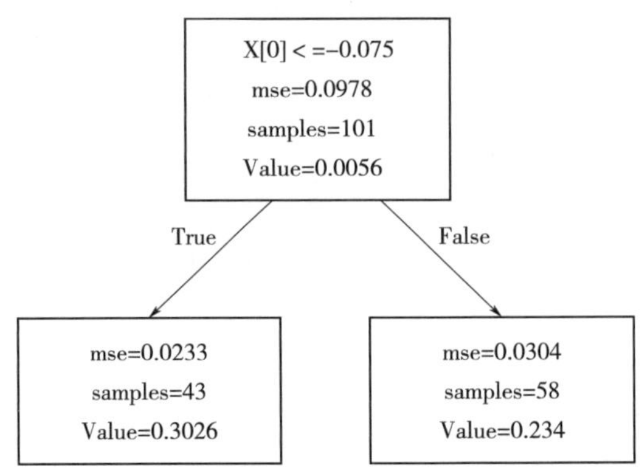

图 13-7 二叉决策树示例

13.2.2 选择二元决策树切割点

在二元决策树算法中,切割点的选择是最核心的部分,其基本思路是遍历所有数据,尝试将每个数据作为分割点,计算此时左右两侧的数据的离差平方和,并从中找到最小值。然后找到离差平方和最小时对应的数据,这个数据就是最佳分割点。请看下面的示例文件 binary01. py,功能是根据上面描述的算法思想选择二元决策树切割点,具体实现代码如下:

```
import numpy
import matplotlib.pyplot as plot

#建立一个 100 数据的测试集
nPoints=100

#x 的取值范围:-0.5~+0.5 的 nPoints 等分
xPlot=[-0.5+1/nPoints* i for i in range(nPoints+1)]

#y 值:在 x 的取值上加一定的随机值或者叫噪音数据
#设置随机数算法生成数据时的开始值,保证随机生成的数值一致
numpy.random.seed(1)
#随机生成宽度为 0.1 的标准正态分布的数值
#上面的设置是为了保证 numpy.random 这步生成的数据一致
y=[s+numpy.random.normal(scale=0.1) for s in xPlot]

#离差平方和列表
sumSSE=[]
for i in range(1,len(xPlot)):
    #以 xPlot[i]为界,分成左侧数据和右侧数据
    lhList=list(xPlot[0:i])
    rhList=list(xPlot[i:len(xPlot)])

    #计算每侧的平均值
    lhAvg=sum(lhList) / len(lhList)
    rhAvg=sum(rhList) / len(rhList)
```

```
        #计算每侧的离差平方和
        lhSse=sum([(s-lhAvg) * (s-lhAvg) for s in lhList])
        rhSse=sum([(s-rhAvg) * (s-rhAvg) for s in rhList])

        #统计总的离差平方和,即误差和

        sumSSE.append(lhSse+rhSse)

    #找到最小的误差和
    minSse=min(sumSSE)
    #产生最小误差和时对应的数据索引
    idxMin=sumSSE.index(minSse)
    #打印切割点数据及切割点位置
    print("切割点位置:"+str(idxMin)) ##49
    print("切割点数据:"+str(xPlot[idxMin])) ##-0.010000000000000009

    #绘制离差平方和随切割点变化而变化的曲线
    plot.plot(range(1,len(xPlot)),sumSSE)
    plot.xlabel('Split Point Index')
    plot.ylabel('Sum Squared Error')
    plot.show()
```

在上述代码中,首先,生成了一个测试数据集,包括 100 个数据点,其中 x 的取值范围为-0.5~+0.5。然后,计算每个可能的切割点,将数据集分成左右两侧,并计算每侧数据的平均值以及离差平方和。然后,找到具有最小离差平方和的切割点位置和相应的数据,打印它们。最后,绘制了离差平方和随着切割点位置变化而变化的曲线,用于可视化找到的最佳切割点,如图 13-8 所示。

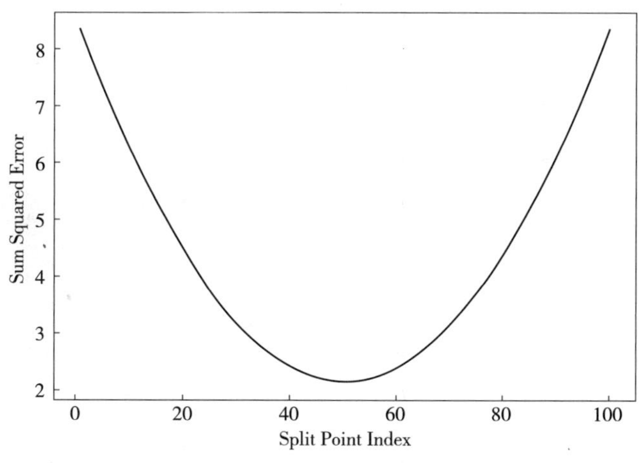

图 13-8 选择二元决策树切割点

13.2.3 使用二元决策树拟合数据

数据拟合又称曲线拟合,是一种把现有数据通过数学方法代入一条数学公式的表示方式。科学和工程问题可以通过诸如采样、实验等方法获得若干离散的数据,根据这些数据,我们往往希望得到一个连续的函数(也就是曲线)或者更加密集的离散方程与已知数据相吻合,这个过程就叫做拟合(fitting)。请看下面的示例文件 binary02. py,功能是将深度设置为 1,并使用函数 sklearn. tree. DecisionTreeRegressor()拟合预测值和真实值曲线,具体实现代码如下:

```
import numpy
import matplotlib. pyplot as plot

from sklearn import tree
from sklearn. tree import DecisionTreeRegressor
#建立一个 100 数据的测试集
nPoints=100

#x 的取值范围:-0.5~+0.5 的 nPoints 等分
xPlot=[-0.5+1/nPoints* i for i in range(nPoints+1)]

#y 值:在 x 的取值上加一定的随机值或者叫噪音数据
#设置随机数算法生成数据时的开始值,保证随机生成的数值一致
numpy. random. seed(1)
#随机生成宽度为 0.1 的标准正态分布的数值
#上面的设置是为了保证 numpy. random 这步生成的数据一致
y=[s+numpy. random. normal(scale=0.1) for s in xPlot]
#使用二元决策树拟合数据:深度为 1
#说明 numpy. array(xPlot). reshape(1,-1):这是传入参数的需要:list->narray
simpleTree=DecisionTreeRegressor(max_depth=1)
simpleTree. fit(numpy. array(xPlot). reshape(-1,1),numpy. array(y). reshape(-1,1))
#读取训练后的预测数据
y_pred  =simpleTree. predict(numpy. array(xPlot). reshape(-1,1))

##绘图
plot. figure()
plot. plot(xPlot,y,label='True y')
plot. plot(xPlot,y_pred,label='Tree Prediction ',linestyle='--')
plot. legend(bbox_to_anchor=(1,0.2))
plot. axis('tight')
plot. xlabel('x')
plot. ylabel('y')
plot. show()
```

执行以上代码后会绘制拟合数据的曲线图,如图 13-9 所示。

13. 2. 4 确定最佳深度的算法

在选择二元决策树的深度时,最常用的方法是通过不同深度二元决策树的交叉验证来确定最佳深度,基本算法思路如下:

(1)确定深度列表。

(2)设置采用几折交叉验证。

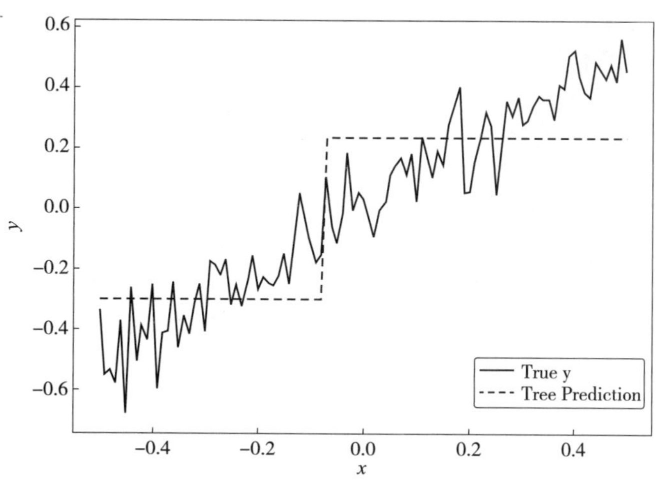

图 13-9　拟合数据曲线图

(3)计算每折交叉验证时的样本外数据的均方误差。

(4)通过不同的深度绘图,观察分析结果。

编写示例文件 binary03. py,功能是根据上述算法思想绘制深度曲线图,具体实现代码如下:

```
import numpy
import matplotlib.pyplot as plot
from sklearn.tree import DecisionTreeRegressor

#建立一个 100 数据的测试集
nPoints=100

#x 的取值范围:-0.5~+0.5 的 nPoints 等分
xPlot=[-0.5+1 / nPoints *  i for i in range(nPoints+1)]

#y 值:在 x 的取值上加一定的随机值或者叫噪音数据
#设置随机数算法生成数据时的开始值,保证随机生成的数值一致
numpy.random.seed(1)
##随机生成宽度为 0.1 的标准正态分布的数值
##上面的设置是为了保证 numpy.random 这步生成的数据一致
y=[s+numpy.random.normal(scale=0.1) for s in xPlot]

##测试数据的长度
nrow=len(xPlot)
##设置二元决策树的深度列表
depthList=[1,2,3,4,5,6,7]
##每个深度下的离差平方和
xvalMSE=[]
##设置 n 折交叉验证
nxval=10
##外层循环:深度循环
for iDepth in depthList:
```

```
        ##每个深度下的样本外均方误差
        oosErrors=0
        ##内层循环:交叉验证循环
        for ixval in range(nxval+1):
            #定义训练集和测试集标签
            xTrain=[]  #训练集
            xTest=[]  #测试集
            yTrain=[]  #训练集标签
            yTest=[]  #测试集标签

            for a in range(nrow):
                ##如果采用 a% ixval==0 的方式写,会有除数为 0 的错误
                if a % nxval != ixval % nxval:
                    xTrain.append(xPlot[a])
                    yTrain.append(y[a])
                else:
                    xTest.append(xPlot[a])
                    yTest.append(y[a])

            ##深度为 max_depth=iDepth 的训练
            treeModel=DecisionTreeRegressor(max_depth=iDepth)
            ##转换参数类型
              treeModel.fit (numpy.array (xTrain) .reshape (-1, 1), numpy.array
(yTrain).reshape(-1,1))
            ##读取预测值:使用测试集获取样本外误差
            treePrediction=treeModel.predict(numpy.array(xTest).reshape(-1,1))
            ## 离差列表:使用测试标签获取样本外误差
            error=[yTest[r]-treePrediction[r] for r in range(len(yTest))]
            ##每个深度下的样本外均方误差和
            oosErrors+=sum([e * e for e in error])

        #计算每个深度下的样本外平均离差平方和
        mse=oosErrors / nrow
        ##添加到离差平方和列表
        xvalMSE.append(mse)

    ##绘图---样本外离差和的平方平均值随深度变化的曲线
    plot.plot(depthList,xvalMSE)
    plot.axis('tight')
    plot.xlabel('Tree Depth')
    plot.ylabel('Mean Squared Error')
    plot.show()
```

在上述代码中,首先生成了一个测试数据集,包括 100 个数据点,其中 x 的取值范围为-0.5~+0.5,y 值在 x 的取值上加入一定的随机噪音数据。然后,通过使用决策树回归模型,尝试不同深度(depthList 中的值)的决策树来拟合数据集。它使用样本外均方误差来评估模型的性能。在每个深度下,进行了交叉验证循环,将数据分为训练集和测试集,训练集

用来训练决策树模型，测试集用来计算模型的离差(预测误差)。将每次交叉验证的离差平方和累加，以计算样本外均方误差。最后，绘制了深度与样本外均方误差之间的关系曲线，以帮助选择最合适的决策树深度来拟合数据。曲线展示了深度对模型性能的影响。执行以上代码后会绘制不同深度的曲线图，执行效果如图 13-10 所示，这说明当深度为 3 时的预测效果最好。

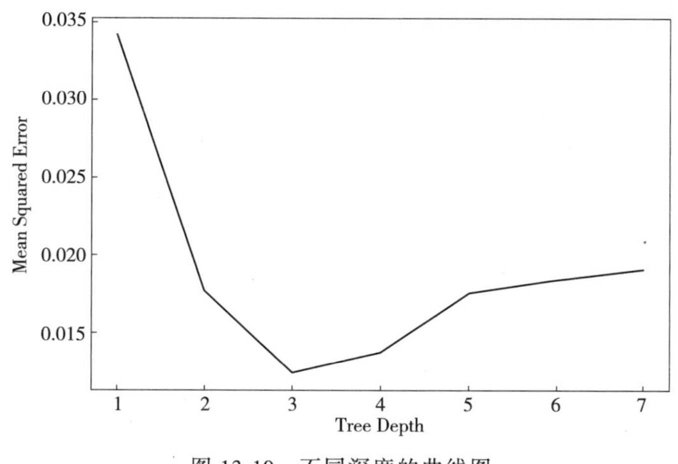

图 13-10　不同深度的曲线图

请看下面的示例文件 binary04. py，功能是将深度设置为预测效果最好的 3 并绘制拟合数据的曲线图，主要代码如下：

```
    simpleTree=DecisionTreeRegressor(max_depth=3)
    simpleTree.fit(numpy.array(xPlot).reshape(-1,1),numpy.array(y).reshape(-1,
1))
    ##读取训练后的预测数据
    y_pred  =simpleTree.predict(numpy.array(xPlot).reshape(-1,1))
```

在上述代码中，首先，创建了一个名为 simpleTree 的决策树回归模型，限制了最大深度为 3，并使用模型的 fit 方法，将输入数据 xPlot 和目标数据 y 进行拟合训练。然后使用训练好的 simpleTree 模型对相同的输入数据 xPlot 进行预测，得到预测结果存储在 y_pred 中。执行代码后会绘制如图 13-11 所示的拟合数据曲线图。

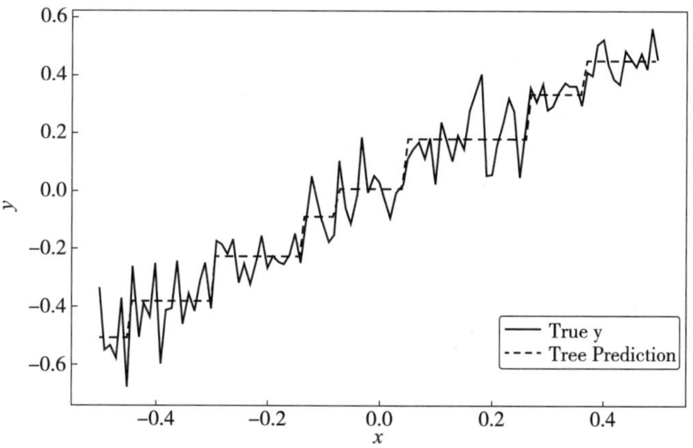

图 13-11　深度为 3 时的拟合数据曲线图

13.3 Bagging 算法

Bagging 算法的英文全称是 bootstrap aggregating，通常被翻译为引导聚集算法，又被称为装袋算法，是机器学习领域的一种集成学习算法，旨在通过结合多个模型来降低泛化误差。此算法可与分类、回归算法相结合，在提高其准确率和稳定性的同时，通过降低结果方差的方式避免发生过拟合。

13.3.1 Bagging 算法的基本步骤和原理

Bagging 算法的基本步骤是给定一个大小为 n 的训练集 D，Bagging 算法从中均匀、有放回地（即使用自助抽样法）选出 m 个大小为 n' 的子集 Di 作为新的训练集。在这 m 个训练集上可以使用分类、回归等算法得到 m 个模型，再通过取平均值、取多数票等方法得到 Bagging 的结果。

Bagging 算法的原理如图 13-12 所示，主要方法是分别构造多个弱学习器（预测准确率仅高于随机猜测的模型），多个弱学习器相互之间是并行的关系，可以同时训练，最终将多个弱学习器结合起来。

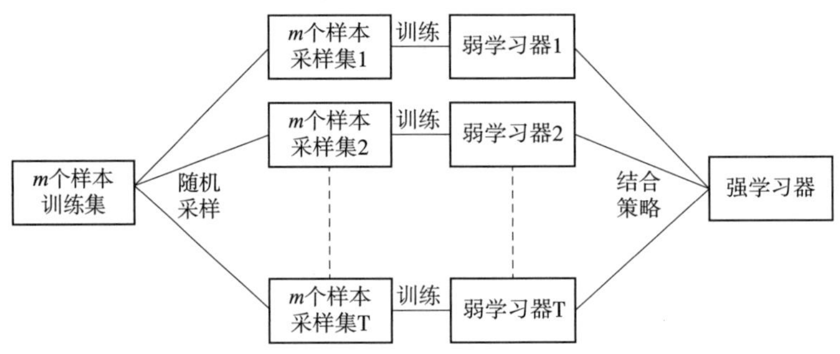

图 13-12 Bagging 算法的原理

Bagging 算法的主要特点在于随机采样。随机采样表示从 n 个数据点中有放回地重复随机抽取一个样本（即同一个样本可被多次抽取），一共抽取 n 次。创建一个与原数据大小相同的数据集，但有些数据点会缺失（大约 1/3），有些会重复。请看下面的举例说明：

```
原数据集:['a','b','c','d']
随机采样 1:['c','d','c','a']
随机采样 2:['d','d','a','b']
……
```

我们常常将缺失的数据点称为袋外数据，因为这些数据没有参与训练集模型的拟合，所以可以用来检测模型的泛化能力。

13.3.2 实现 Bootstrap 采样

Bagging 算法的主要功能是实现采样。我们可以从数据集中随机选择行数据，并将它们添加到新列表来创建数据集成为新的样本。可以重复对固定数量的行进行此操作，或者一直到新数据集大小与原始数据集大小的比率达到我们的要求为止。每采集一次数据，都会进行放回,然后再次采集。

例如在下面的示例文件 Bagging01.py 中,通过函数 subsample()实现了上述采样过程。随机模块中的函数 randrange()用于选择随机行索引,以便在循环的每次迭代中添加到样本中,样本的默认数量大小是原始数据集的大小。在函数 subsample()中创建了一个包含 20 行,里面的数字是 0~9 的随机值,并且计算它们的平均值。然后我们可以制作原始数据集的自举样本集,不断重复这个过程,直到我们有一个均值列表,然后计算平均值,这个平均值跟我们整个样本的平均值是非常接近的。具体实现代码如下:

```
from random import seed
from random import randrange

#使用 replacement 从数据集中创建随机子样本
def subsample(dataset,ratio=1.0):
    sample=list()
    n_sample=round(len(dataset) * ratio)
    while len(sample) < n_sample:
        index=randrange(len(dataset))
        sample.append(dataset[index])
    return sample


#计算一系列数字的平均数
def mean(numbers):
    return sum(numbers) / float(len(numbers))

seed(1)
#真实值
dataset=[[randrange(10)] for i in range(20)]
print('True Mean:%.3f'% mean([row[0] for row in dataset]))
#估计值
ratio=0.10
for size in [1,10,100]:
    sample_means=list()
    for i in range(size):
        sample=subsample(dataset,ratio)
        sample_mean=mean([row[0] for row in sample])
        sample_means.append(sample_mean)
    print('Samples=%d,Estimated Mean:%.3f'% (size,mean(sample_means)))
```

在上述代码中,每个自举样本是原始样本的 10%,也就是两个样本。然后通过创建原始数据集的 1 个、10 个、100 个自举样本计算它们的平均值,最后平均所有这些估计的平均值来进行试验。执行后会打印输出我们要估计的原始数据平均值,如下:

```
True Mean:4.500
Samples=1,Estimated Mean:4.000
Samples=10,Estimated Mean:4.700
Samples=100,Estimated Mean:4.570
```

输出结果中,我们可以从各种不同数量的自举样本中看到估计的平均值。可以看到,通过 100 个样本,可以很好地估计平均值。

13.4 Boosting 算法

Boosting 算法同样是机器学习领域的一种集成学习方法,主要用来减小监督式学习中偏差。该算法通过组合多个弱分类器来形成一个强分类器,逐步改进模型性能,有效提高分类器准确率,特别适合需要高精确度的场景。在本节的内容中,将详细讲解在 Python 程序中使用 Boosting 算法的知识。

13.4.1 Boosting 算法基本思路

Boosting 算法的训练数据都一样,但是每个新的分类器都会根据上一个分类器的误差来做相应调整,最终由这些分类器加权求和得到预测结果。

在现实应用中,最常用的 Boosting 算法是 AdaBoost,这是一种迭代算法,其核心思想是针对同一个训练集训练不同的分类器(弱分类器),然后把这些弱分类器集合起来,构成一个更强的最终分类器(强分类器)。

Boosting(AdaBoost)算法解决问题的基本思路是:

(1)通过训练数据训练出一个最优分类器。

(2)查看分类器的错误率,把错误分类的样本数据提高一定权重,分类正确的样本,降低一定权重。然后按每个数据样本,不同权重来训练新的最优分类器。

(3)最终的投票结果由这些分类器按不同权重来投票决定,其中各分类器的权重,按其预测的准确性来决定。

13.4.2 心绞痛 ROC 曲线检测系统

请看下面的示例文件 Adaboost. py,功能是使用 AdaBoost 算法根据心绞痛采样数据进行训练,将训练出的分类器来作预测,并绘制统计假阳性率和真阳性率的 ROC 曲线图。具体实现代码如下:

```
from numpy import *
#载入数据
def loadSimpData():
    datMat=matrix([[1.,2.1],
                   [2.,1.1],
                   [1.3,1.],
                   [1.,1.],
                   [2.,1.]])
    classLabels=[1.0,1.0,-1.0,-1.0,1.0]
    return datMat,classLabels

#载入数据
def loadDataSet(fileName):
```

```
    numFeat=len(open(fileName).readline().split('\t'))
    dataMat=[]
    labelMat=[]
    fr=open(fileName)
    for line in fr.readlines():
        lineArr=[]
        curLine=line.strip().split('\t')
        for i in range(numFeat-1):
            lineArr.append(float(curLine[i]))
        dataMat.append(lineArr)
      labelMat.append(float(curLine[-1]))
    return dataMat,labelMat

#预测分类
def stumpClassify(dataMatrix,dimen,threshVal,threshIneq):
    retArray=ones((shape(dataMatrix)[0],1))
    if threshIneq=='lt':#比阈值小,就归为-1
        retArray[dataMatrix[:,dimen]<=threshVal]=-1.0
    else:
        retArray[dataMatrix[:,dimen]>threshVal]=-1.0
    return retArray

#建立单层决策树
def buildStump(dataArr,classLabels,D):
    dataMatrix=mat(dataArr)
    labelMat=mat(classLabels).T
    m,n=shape(dataMatrix)
    numSteps=10.0
    bestStump={}
    bestClasEst=mat(zeros((m,1)))
    minError=inf
    for i in range(n):
        rangeMin=dataMatrix[:,i].min()
        rangeMax=dataMatrix[:,i].max()
        stepSize=(rangeMax-rangeMin)/numSteps
        for j in range(-1,int(numSteps)+1):
            for inequal in ['lt','gt']:#less than 和 greater than
                threshVal=(rangeMin+float(j) * stepSize)
                predictedVals=stumpClassify(dataMatrix,i,threshVal,inequal)
                errArr=mat(ones((m,1)))
                errArr[predictedVals==labelMat]=0 #分类错误的标记为1,正确为0
                weightedError=D.T * errArr #增加分类错误的权重
                print("split:dim %d,thresh %.2f,thresh ineqal:%s,the weighted
error is %.3f" \
                        %(i,threshVal,inequal,weightedError))
                if weightedError<minError:
```

```
                    minError=weightedError
                    bestClasEst=predictedVals.copy()
                    bestStump['dim']=i
                    bestStump['thresh']=threshVal
                    bestStump['ineq']=inequal
    return bestStump,minError,bestClasEst

#训练分类器
def adaBoostTrainDS(dataArr,classLabels,numIt=40):
    weakClassArr=[]
    m=shape(dataArr)[0]
    D=mat(ones((m,1)) / m)  #设置一样的初始权重值
    aggClassEst=mat(zeros((m,1)))
    for i in range(numIt):
        bestStump,error,classEst=buildStump(dataArr,classLabels,D)  #得到"单
层"最优决策树
        print("D:",D.T)
        alpha=float(0.5 * log((1.0-error) / max(error,1e-16)))  #计算 alpha 值
        bestStump['alpha']=alpha
        weakClassArr.append(bestStump)  #存储弱分类器
        print("classEst:",classEst.T)
        expon=multiply(-1 * alpha * mat(classLabels).T,classEst)
 D=multiply(D,exp(expon))  #  更新分类器权重
        D=D / D.sum() #保证权重加和为 1
        aggClassEst+=alpha * classEst
        print("aggClassEst:",aggClassEst.T)
        aggErrors=multiply(sign(aggClassEst) ! =mat(classLabels).T,ones((m,
1))) #检查分类出错的类别
        errorRate=aggErrors.sum() / m
        print("total error:",errorRate)
        if errorRate==0.0:
            break
    return weakClassArr,aggClassEst

#用训练出的分类器来作预测
def adaClassify(datToClass,classifierArr):
    dataMatrix=mat(datToClass)
    m=shape(dataMatrix)[0]
    aggClassEst=mat(zeros((m,1)))
    for i in range(len(classifierArr)):
        classEst=stumpClassify(dataMatrix,classifierArr[i]['dim'],\
                               classifierArr[i]['thresh'],\
                               classifierArr[i]['ineq'])
        aggClassEst+=classifierArr[i]['alpha'] * classEst
        print(aggClassEst)
    return sign(aggClassEst)
```

```
#绘制 ROC 曲线
def plotROC(predStrengths,classLabels):
    import matplotlib.pyplot as plt
cur=(1.0,1.0)
    ySum=0.0
    numPosClas=sum(array(classLabels)==1.0)
    yStep=1 / float(numPosClas)
    xStep=1 / float(len(classLabels)-numPosClas)
    sortedIndicies=predStrengths.argsort()
    fig=plt.figure()
    fig.clf()
    ax=plt.subplot(111)
    for index in sortedIndicies.tolist()[0]:
        if classLabels[index]==1.0:
            delX=0
            delY=yStep
        else:
            delX=xStep
            delY=0
            ySum+=cur[1]
        ax.plot([cur[0],cur[0]-delX],[cur[1],cur[1]-delY],c='b')
        cur=(cur[0]-delX,cur[1]-delY)
    ax.plot([0,1],[0,1],'b--')
    plt.xlabel('False positive rate')
    plt.ylabel('True positive rate')
    plt.title('ROC curve for AdaBoost horse colic detection system')
    ax.axis([0,1,0,1])
    print("the Area Under the Curve is:",ySum * xStep)
    plt.show()

if __name__=='__main__':
    filename='horseColicTraining2.txt'
    dataMat,classLabels=loadDataSet(filename)
    weakClassArr,aggClassEst=adaBoostTrainDS(dataMat,classLabels,50)
    plotROC(aggClassEst.T,classLabels)
```

对上述代码的具体说明如下：

(1)创建一个名为 subsample 的函数,用于从数据集中创建随机子样本。该函数接受一个数据集和一个采样比例作为参数,然后返回一个包含随机子样本的列表。

(2)创建一个名为 mean 的函数,用于计算一组数字的平均值。

(3)随机生成一组包含 20 个随机整数的数据集,存储在 dataset 中,然后计算并打印出真实数据集的平均值。

(4)使用不同的样本大小(1、10、100)以及给定的采样比例(0.10),多次进行采样并估计样本均值。然后打印输出不同样本大小的估计均值。

总的来说,这段代码演示了如何通过随机采样估计一个数据集的均值,同时考虑了不同的样本大小。然后将采样数据文件 horseColicTraining2. txt 中的数据进行分割分类,打印输出下面的分类过程,并使用 Matplotlib 绘制 ROC 曲线,如图 13-13 所示。

```
   1.33293375e+00  1.04464866e-02-6.15330221e-02-1.22204712e+00
   1.44950920e+00-1.55332550e-01-1.40228115e-01  7.72058165e-01
  -1.27237534e+00-9.64136810e-01-9.54502029e-01  1.96492679e-02
   2.09790623e+00-4.81065170e-01  5.10669628e-01  2.61981663e-01
  -6.18506290e-01-5.85793822e-01  3.35764949e-02  1.26445156e+00
  -1.41207316e+00  2.14000355e+00  1.69479791e-01  1.07154609e+00
   1.82514963e+00-4.53144925e-01-5.58659802e-01  2.09784185e-01
   1.12743676e+00  4.65909171e-01  5.13407679e-01  1.31611626e+00
   5.60353925e-01  6.26494907e-01-1.07556829e-01-2.11320145e-01
  -1.73416247e+00-5.03280007e-01  2.50745313e-01  8.38002351e-01
   1.43974637e+00  1.99765336e+00  1.31770817e-01  1.79942156e+00
  -6.72795056e-01-6.55312488e-01  6.64368626e-02  2.25567450e+00
   1.05580742e+00-1.26959276e+00  4.61697970e-02  1.15089233e-01
   1.72851784e+00  1.88191527e+00-8.69559981e-01-1.09087641e+00
  -5.90055252e-01  2.74827155e+00-1.56792975e-01-1.18393543e+00
  -1.25859153e+00-1.92186396e-01  5.70361732e-01]]
total error:  0.18729096989966554
the Area Under the Curve is:  0.8953941870182941
```

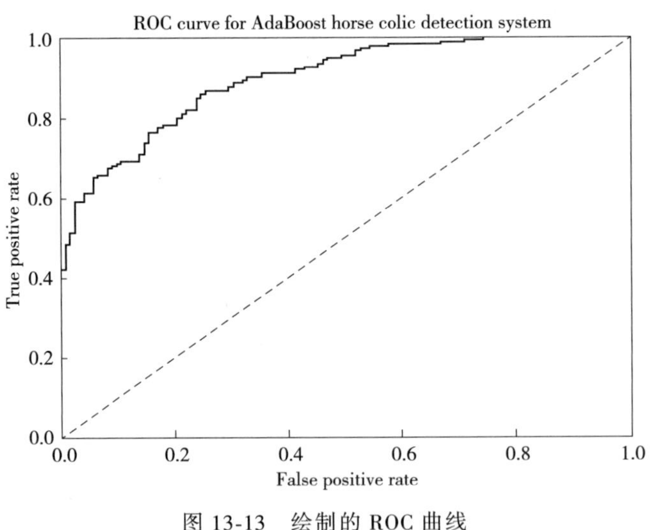

图 13-13 绘制的 ROC 曲线

注意:Bagging 算法和 Boosting 算法之间的区别如下:

(1)样本选择

Bagging 算法:训练集是在原始集中有放回选取的,从原始集中选出的各轮训练集之间是独立的。

Boosting 算法:每一轮的训练集不变,只是训练集中每个样例在分类器中的权重发生变化。而权值是根据上一轮的分类结果进行调整。

(2)样例权重

Bagging 算法:使用均匀取样,每个样例的权重相等。

Boosting 算法:根据错误率不断调整样例的权值,错误率越高则权重越大。

(3)预测函数

Bagging 算法:所有预测函数的权重相等。

Boosting 算法:每个弱分类器都有相应的权重,对于分类误差小的分类器会有更大的权重。

(4)并行计算

Bagging 算法:各个预测函数可以并行生成。

Boosting 算法:各个预测函数只能顺序生成,因为后一个模型参数需要前一轮模型的结果。

13.5 随机森林算法

随机森林算法是一种基于决策树的集成学习算法,它构建多个弱分类器并根据其预测结果有效提高模型的精确度和泛化能力,是一种机器学习领域非常受欢迎的算法。在本节的内容中,将详细讲解在 Python 中使用随机森林算法的知识和实践应用。

13.5.1 何为随机森林算法

在机器学习中,随机森林算法是一个包含多个决策树的分类器,并且其输出的类别是由个别树输出的类别的众数而定。

随机森林算法是 Bagging 算法的进化版,具体改进如下:

(1)随机森林算法使用了 CART 决策树作为弱分类器。

(2)在使用决策树的基础上,随机森林算法对决策树的建立做了改进。对于普通的决策树,会在节点上所有 n 个样本特征中选择一个最优的特征来做决策树的左右子树划分,但是随机森林算法通过随机选择节点上的一部分样本特征,这个数字小于 n,假设为 $n$sub,然后在这些随机选择的 $n$sub 个样本特征中,选择一个最优的特征来做决策树的左右子树划分。这样进一步增强了模型的泛化能力。

13.5.2 分析声呐数据

请看下面的示例文件 Randomtree. py,功能是对声呐数据样本进行训练并预测分类处理,展示了随机森林算法在处理声呐数据集时的作用。读者朋友们需要登录如下网址下载本示例中的声呐数据集。

https://archive. ics. uci. edu/ml/datasets/Connectionist + Bench + (Sonar, + Mines + vs. + Rocks)

在上述网页中下载文件 sonar. all-data,并将此文件重命名为 sonar. all-data. csv。此文件中有 208 行 60 列特征(值域为 0~1),标签为 R/M。表示 208 个观察对象,60 个不同角度返回的力度值,二分类结果是岩石/金属。

将下载的 CSV 类型的数据集特征转换为浮点型，将标签转换为整型，设置交叉验证集数为 5，设置最深为 10 层，设置叶子节点最少有一个样本。sample_size = 1 时不做数据集采样，以 $\sqrt{(n\text{sub}-1)}$ 作为列采样数的限制。分别建立 1、5、10 棵树，对每种树规模（1，5，10）运行 5 次，取均值作为最后模型效果。最后评估算法。

文件 Randomtree. py 的具体实现代码如下：

```
from random import seed
from random import randrange
from csv import reader
from math import sqrt


#加载 CSV 文件
def load_csv(filename):
    dataset=list()
    with open(filename,'r') as file:
        csv_reader=reader(file)
        for row in csv_reader:
            if not row:
                continue
      dataset.append(row)
    return dataset


#将 string 列转换为 float
def str_column_to_float(dataset,column):
    for row in dataset:
        row[column]=float(row[column].strip())


#将 string 列转换为 int
def str_column_to_int(dataset,column):
    class_values=[row[column] for row in dataset]
    unique=set(class_values)
    lookup=dict()
    for i,value in enumerate(unique):
        lookup[value]=i
    for row in dataset:
        row[column]=lookup[row[column]]
    return lookup


#将数据集拆分为 k 个折叠
defcross_validation_split(dataset,n_folds):
    dataset_split=list()
    dataset_copy=list(dataset)
```

```
    fold_size=int(len(dataset) / n_folds)
    for i in range(n_folds):
        fold=list()
        while len(fold) < fold_size:
            index=randrange(len(dataset_copy))
            fold.append(dataset_copy.pop(index))
        dataset_split.append(fold)
    return dataset_split


#计算准确率
def accuracy_metric(actual,predicted):
    correct=0
    for i in range(len(actual)):
        if actual[i]==predicted[i]:
            correct+=1
    return correct / float(len(actual)) * 100.0


#使用交叉验证拆分评估算法
def evaluate_algorithm(dataset,algorithm,n_folds,* args):
    folds=cross_validation_split(dataset,n_folds)
scores=list()
    for fold infolds:
        train_set=list(folds)
        train_set.remove(fold)
        train_set=sum(train_set,[])
        ceshi_set=list()
        for row in fold:
            row_copy=list(row)
            ceshi_set.append(row_copy)
            row_copy[-1]=None
        predicted=algorithm(train_set,ceshi_set,* args)
        actual=[row[-1] for row in fold]
        accuracy=accuracy_metric(actual,predicted)
        scores.append(accuracy)
return scores


#基于属性和属性值拆分数据集
def ceshi_split(index,value,dataset):
    left,right=list(),list()
    for row in dataset:
        if row[index] < value:
            left.append(row)
        else:
            right.append(row)
```

```
    return left,right

#计算分割数据集的基尼索引
def gini_index(groups,classes):
    #在分割点计数所有样本
    n_instances=float(sum([len(group) for group in groups]))
    #每组的和加权基尼指数
    gini=0.0
    for group in groups:
        size=float(len(group))
        #避免除零
        if size==0:
            continue
        score=0.0
        #根据每个 class 的分数给小组打分
        for class_val in classes:
            p=[row[-1] for row in group].count(class_val) / size
            score+=p * p
        #以相对大小衡量小组得分
        gini+=(1.0-score) * (size / n_instances)
    return gini


#为数据集选择最佳分割点
def get_split(dataset,n_features):
    class_values=list(set(row[-1] for row in dataset))
    b_index,b_value,b_score,b_groups=999,999,999,None
    features=list()
    while len(features) < n_features:
        index=randrange(len(dataset[0])-1)
        if index not in features:
            features.append(index)
    for index in features:
        for row in dataset:
            groups=ceshi_split(index,row[index],dataset)
            gini=gini_index(groups,class_values)
            if gini < b_score:
                b_index, b_value, b_score, b_groups = index, row[index], gini,
groups
    return {'index':b_index,'value':b_value,'groups':b_groups}


#创建终端节点值
def to_terminal(group):
    outcomes=[row[-1] for row in group]
    return max(set(outcomes),key=outcomes.count)
```

```
#为节点创建子拆分或生成终端
def split(node,max_depth,min_size,n_features,depth):
    left,right=node['groups']
    del(node['groups'])
    #检查是否有不分裂
    if not left or not right:
        node['left']=node['right']=to_terminal(left+right)
        return
    #检查最大深度
    if depth>=max_depth:
        node['left'],node['right']=to_terminal(left),to_terminal(right)
        return
    #处理左子级
    if len(left)<=min_size:
        node['left']=to_terminal(left)
  else:
        node['left']=get_split(left,n_features)
        split(node['left'],max_depth,min_size,n_features,depth+1)
    #处理右子级
    if len(right)<=min_size:
        node['right']=to_terminal(right)
    else:
        node['right']=get_split(right,n_features)
        split(node['right'],max_depth,min_size,n_features,depth+1)


#建立决策树
def build_tree(train,max_depth,min_size,n_features):
    root=get_split(train,n_features)
    split(root,max_depth,min_size,n_features,1)
  return root


#用决策树进行预测
def predict(node,row):
    if row[node['index']] < node['value']:
        if isinstance(node['left'],dict):
            return predict(node['left'],row)
        else:
            return node['left']
    else:
        if isinstance(node['right'],dict):
            return predict(node['right'],row)
        else:
            return node['right']
```

```
#从数据集中创建随机子样本
def subsample(dataset,ratio):
    sample=list()
    n_sample=round(len(dataset) * ratio)
    while len(sample) < n_sample:
        index=randrange(len(dataset))
        sample.append(dataset[index])
    return sample


#用袋装清单作预测
def bagging_predict(trees,row):
    predictions=[predict(tree,row) for tree in trees]
    return max(set(predictions),key=predictions.count)


#随机森林算法
def random_forest (train, test, max_depth, min_size, sample_size, n_trees, n_
features):
    trees=list()
    for i in range(n_trees):
        sample=subsample(train,sample_size)
        tree=build_tree(sample,max_depth,min_size,n_features)
        trees.append(tree)
    predictions=[bagging_predict(trees,row) for row in test]
    return(predictions)


#测试随机森林算法
seed(2)
# load and prepare data
filename='sonar.all-data.csv'
dataset=load_csv(filename)
#将字符串转换为整数
for i in range(0,len(dataset[0])-1):
    str_column_to_float(dataset,i)
#将 class 列转换为整数
str_column_to_int(dataset,len(dataset[0])-1)
#评估算法
n_folds=5
max_depth=10
min_size=1
sample_size=1.0
n_features=int(sqrt(len(dataset[0])-1))
for n_trees in [1,5,10]:
    scores=evaluate_algorithm(dataset,random_forest,n_folds,max_depth,min_
size,sample_size,n_trees,n_features)
```

```
    print('Trees:%d'% n_trees)
    print('Scores:%s'% scores)
    print('Mean Accuracy:%.3f%%'% (sum(scores) / float(len(scores))))
```

在上述代码中,各个自定义函数的具体说明如下:

- load_csv:读取 csv 文件,按行保存到数组 dataset 中。
- str_column_to_float:将某列字符去掉前后空格,并转换为浮点数格式。
- str_column_to_int:根据分类种类建立字典(标号 0,1,2,…),将字符列转化为整数。
- cross_validation_split:使用 randrange 函数将数据集划分为 n 个无重复元素的子集。
- accuracy_metric:计算准确率。
- evaluate_algorithm:使用交叉验证,建立 n 个训练集和测试集,返回各模型误差数组。
- test_split:根据特征及特征阈值分割左右子树集合。
- gini_index:在某个点分成了几个子节点放在 groups 中,这些样本的类有多种,类集合为 classes,计算该点的基尼指数。
- get_split:限定列采样特征个数 n_features。基尼指数代表的是不纯度,基尼指数越小越好。对列采样特征中的每个特征的每个值计算分割下的最小基尼值作为分割依据。
- to_terminal:输出 Group 中出现次数最多的标签,实质上就是多数表决法。
- split:根据树的最大深度、叶子节点最少样本数、列采样特征个数,迭代创作子分类器直到分类结束。
- build_tree:建立一棵树。
- predict:用一棵树预测类。
- subsample:按照一定比例实现 Bagging 算法采样。
- bagging_predict:用多棵树模型的预测结果做多数表决。
- random_forest:随机森林算法,返回测试集各个样本做多数表决后的预测值。

运行上述代码后会输出:

```
Trees:1
Scores:[56.09756097560976, 63.41463414634146, 60.97560975609756, 58.536585365853654, 73.17073170731707]
Mean Accuracy:62.439%
Trees:5
Scores:[70.73170731707317, 58.536585365853654, 85.36585365853658, 75.60975609756098, 63.41463414634146]
Mean Accuracy:70.732%
Trees:10
Scores: [82.92682926829268, 75.60975609756098, 97.5609756097561, 80.48780487804879, 68.29268292682927]
Mean Accuracy:80.976%
```

通过上面的运行结果可以看出,准确率会随着 trees 数目的增加而上升。